JN248190

補助線の引き方で難問がスイスイ解ける!!

中学受験算数
作業のルール

増補改訂３版

６年後、東大に合格できる実力がつく!!

東京大学出身

某大手塾エース級（基幹校難関クラス担当）講師

五本毛 眼鏡【著】

まえがき

補助線の引き方で難問がスイスイ解ける『中学受験算数作業のルール』(全面改訂版)の出版から３年の時が経ちました。３年経った今も私は中学受験塾の現場で、自分の進路を自ら選ぶべく己の力を引き上げよう と奮闘している子供達の助けになるべく、**濃い**時間を共有できるように素材となる問題を吟味しながら日々授業を行っています。

「濃い算数」……３年前、星野源の歌った「恋」という曲と共に流行った「恋ダンス」をもじって考えたワードです。生徒達と**「恋ダンス」ならぬ「濃い算数」**を日々楽しんでいます。えっ!? 楽しみ方をお知りになりたいですか？ 例えば(特に曲が流行っていた当時は)「応用問題を解く際にも実は結局はこういった「基本」をふまえているんだよ、これはよく使うから**『いつも思い出して！』**」なんて話をすると生徒達は、あれ、今強く言ったところ「恋」のサビにこういう歌詞の部分なかったっけ？ なんて気づいて笑うみたいな感じでした(笑)。

そんな話を書くとただおちゃらけているようにしか見えないので(苦笑)補足させていただくと、算数の問題というのはそれこそ無数にあるわけですが、1問1問解き方を暗記して挑むということではなく、よく使う**「頭の使い方(さかのぼって考えよう！ とか比べよう！ 等)」**や**「問題を解く流れ」**であったり、**「鍵になる知識」**であったりを状況に応じてあてはめて使って、わかっていく情報をつなぎ合わせていって答えへと持っていけばいいわけです。その組み合わせ方だったり、つなぎ合わせ方だったりが色々あるから無数の問題が あるように感じますが、よく使う「頭の使い方」や「問題を解く流れ」だったり、「鍵になる知識」だったりはそれほど数があるわけではないのです。

図形の問題に関して言うと、その**「いつも思い出すべき」**鍵になる図形が問題の図の中にそのまま隠れていればそれを使って解いていけばいいわけですし、それが隠れてない場合は、補助線を足すことで自分が知っている図形の知識を使える流れに持ち込んでいけばいいわけです。**何の意図もなく線を足してしまったら補助線どころかただの邪魔な線になってしまうかもしれないのです。**その適切な補助線を引いたり必要ないなら引かないで済ます、その見極めのための十分な訓練をしてもらえるように、今回コンセプトはそのままに、2020～2021年の世の中の厳しさを実感しながら、そんな時代を生き抜く力を身につけようと日々頑張る中学受験生に答えるべく問題数を1割増やして増補改訂3版として出版させていただきました。この『中学受験算数作業のルール増補改訂3版』で、厳しい時代を生き抜いて未来にはばたく力につながる（そのための中学受験の成功につながる！）「濃い算数」をお楽しみいただければ、と思います。

「レベル１」もとい毛１本★（笑）

今回の本では受験学年だけでなく５年生にもお楽しみいただけるよう幅広いレベルで問題を選択いたしました。毛の数＝グルメ本等でいうところの星の数にあたります。私のペンネームの五本毛にちなみまして、例えば５年生でも無理なく解けるレベル＝毛１本、……５年生には難しく、しかし受験を控える６年生にはしっかり解いてもらいたいレベル＝毛３本……受験生にとってもなかなか難しいレベル＝毛５本という感じで毛が増えるごとに難度が上がっていると思っていただければいいと思います。

勿論毛１本の問題も、５年生が解くべきレベル＝受験の基本にあたるレベルということで、特に６年生でも図形に苦手意識を持っているお子様にはしっかり取り組んでもらいたい問題ですし、得意なお子様にとっても基本レベルの再現性の確認ということでどんどん解き進めていってもらえれば有効と考えます。

問題１問につき、３Ｐ使っています。(問題文＋図で１Ｐ、文章による解説が１Ｐ、その文章の解説を補足する板書のイメージの図１Ｐ）**問題数は３年前に出版した際、合格（５か９！）にちなんで、59 問用意いたしました。**補助線がメインテーマの本ですから、図形問題がほとんど（54 問）ですが、息抜きと「図形以外の問題の解き方と図形問題の解き方の比較」を兼ねて、それ以外の分野からの問題も５題用意いたしました。そして今回、増補改訂にあたり、

5問増量いたしました！

1問解くたびに、文章の解説と板書イメージの補足の図を読んで理解を深めていってください！ ちなみに文章の解説のページには、**「ゴホンゲの、ヒゲも濃いけどもっと濃い解説」**（笑）というタイトルをつけてみました。こういった解説を問題ごとにつけているので参考にしてもらえれば、と思っています！ ちなみに補助線の必要性を見極める、というのがこの本のメインテーマなわけですが、補助線を引く場合はその解説のところに太字かつ下線で説明してあります。問題は1問だけ2015年のがあって他は全て2016年～2020年に出題された最近の入試問題です！

ではさっそく「レベル1＝毛1本★」からスタートです。
「濃い算数」の幕開けです！（`－´）ノ

もくじ

問題1（問題1～3　武蔵野女子学院）

図において、同じ印がついている辺は、長さが等しいことを表しています。この三角形の面積は何㎠ですか。

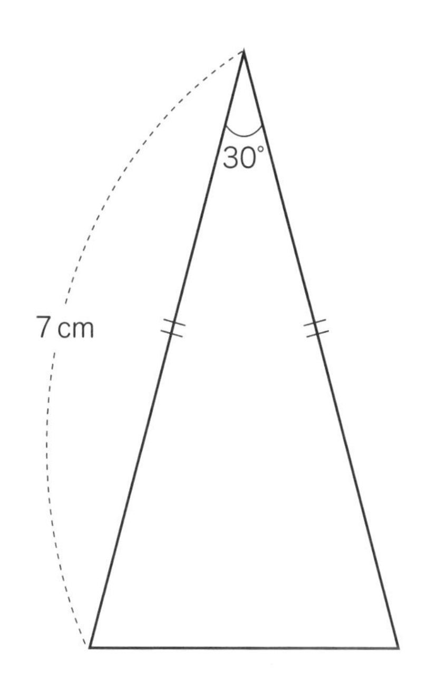

「ゴホンゲの、ヒゲも濃いけどもっと濃い解説 その１」

次ページ「補足板書」の図１をご覧ください。三角形ABC（30度のところの頂点をAとしました）の底辺をBCと考えて、Aに向かって高さの線を引いたりしてませんか？

確かに三角形の面積の**公式**は**「底辺×高さ÷２」**です。その公式にあてはめて考えていくということが非常に大事です。ただBCを底辺とすると長さがわからないのです。

しかも、底辺BCからAの方に向けて高さの線を引いた時に、ヒントとして与えられた30度が（この場合は二等辺三角形なので）二等分されてしまいます。30度は「補足板書」の図２のように、**「正三角形の半分の形」（よく使う図形パターンその１に認定します）**と結び付けてそのまま利用したいところです。

この場合、辺ABもしくは辺ACを底辺と考えればいいのです。すると底辺は７㎝とわかりますね。これであとは高さがわかればいいわけですが、辺ABを底辺と考えた場合の図が「補足板書」の図３です。**底辺ABからCに向けて高さの線を引きます**。すると中に「正三角形の半分の形」＝よく使う図形パターンその１が出現して、高さがACの半分の３.５㎝とわかるのです！

つまりこの問題を解く式は
７（底辺）×３.５（高さ）÷２＝**12.25㎠（答）**です。

ちなみに図１のように考えてしまった人は、図形の問題を解く時の**よく出てくる頭の使い方**として、**「向きを変えて考えてみる」**ということを意識してみるようにしてみてください！ 問題を与えられた図をそのままの向きで考えて底辺をBCにしなければいけない、と考える必要はないわけです。

問題1　補足板書

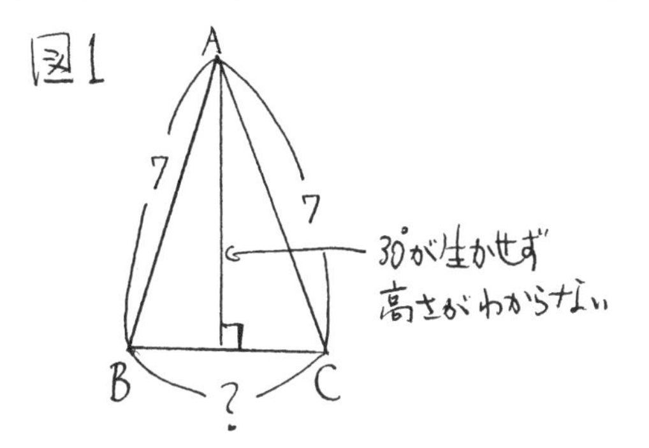
図1
A
7
7
30°が生かせず
高さがわからない
B
C
?

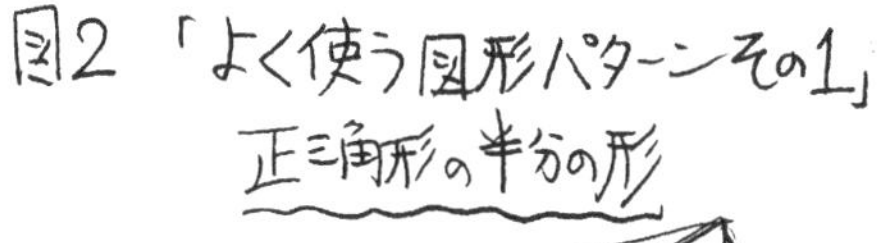
図2「よく使う図形パターンその1」
正三角形の半分の形

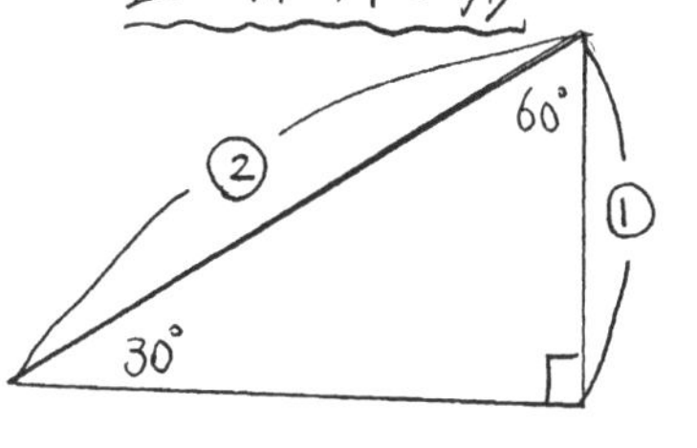
60°
②
①
30°

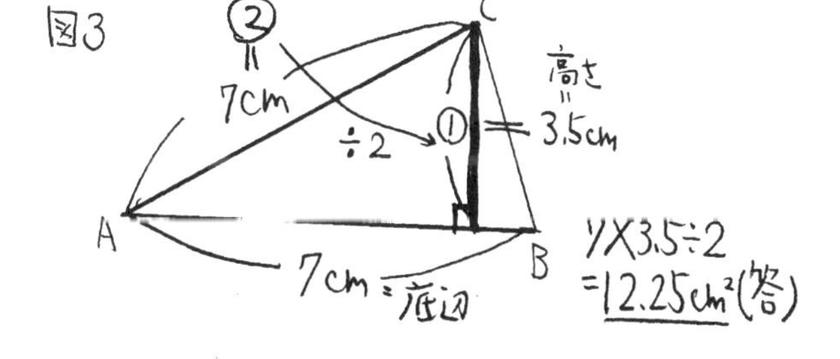
図3
②
7cm
C
高さ
3.5cm
÷2
①
A
B
7cm=底辺
7×3.5÷2
=12.25cm²(答)

問題2

図のように、4分の1の円の中に正方形ABCDがあります。

このとき、斜線部分の面積は何㎠ですか。ただし円周率は3.14とします。

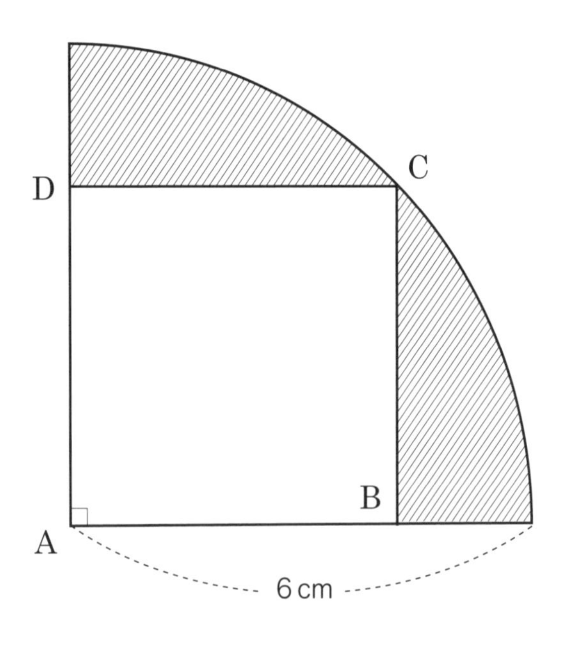

「ゴホンゲの、ヒゲも濃いけどもっと濃い解説 その2」

「全体の図から不要な部分（白い部分）をひく」というよく出てくる頭の使い方に持って行けばいい典型的なパターンです。

つまり四分円から中の正方形の面積をひけばいいわけですが、この正方形の1辺の長さを勝手に4㎝などと決めてしまう、という間違い方をよく見かけます。そういう勝手に長さを決めて間違う間違い方をすると「みんなの目の中には物差しでも入ってるのかな？」とちょっと嫌味を言ったりします（笑）。

正方形の面積の求め方は「1辺×1辺」の他に**「対角線×対角線÷2」**があるのを忘れてはいけません（あとは、斜めになっているような正方形（1辺も対角線もわからない）の場合に、周りの大きな正方形から4つの合同な直角三角形を引いて求める場合もあります→「補足板書」図1ご参照）。

つまりこの問題では、四分円の面積は半径の6㎝を使って$6 \times 6 \times 3.14 \times \frac{1}{4} = 9 \times 3.14 = 28.26$㎠と求められるはずなので、あとは正方形の面積を求める時に「1辺はわからないけど、対角線はわかるのではないか？」とイメージして**AからCだったり、BからDだったりに線を引いて考えてみればいいわけです。**

この時に、BからDに引いた場合はピンと来ないかもしれませんが、AからCに線を引いてみると「対角線が半径と一致して」対角線が6㎝とわかると思います。

つまり中の白い部分＝正方形は対角線を使って$6 \times 6 \div 2 = 18$と求められるので、結局$28.26 - 18 =$ **10.26㎠（答）**となります（「補足板書」図2）。

問題２　補足板書

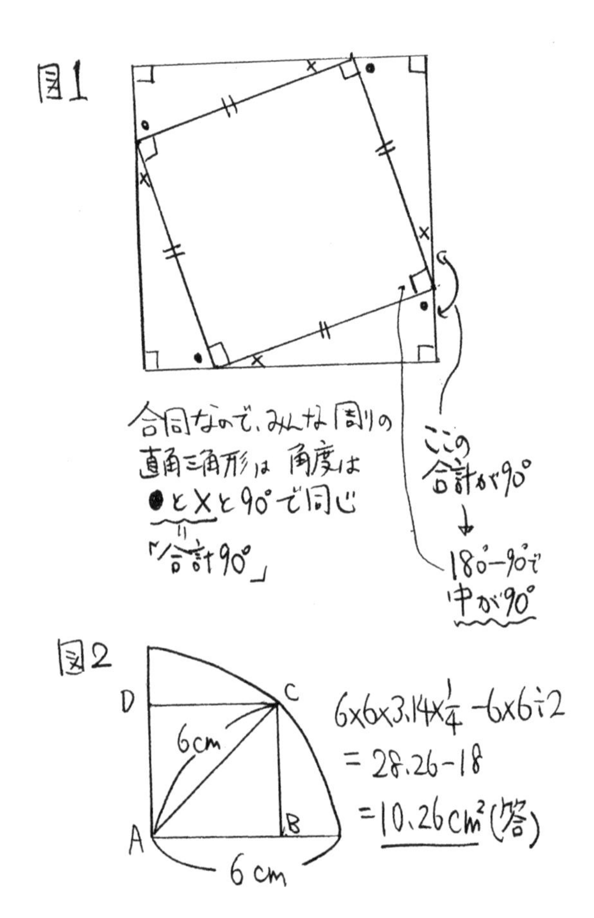
図1
合同なので、みんな周りの
直角三角形は 角度は
●と×と90°で同じ
「合計90°」
ここの
合計が90°
180°−90°で
中が90°
図2
D
C
6cm
A
B
6 cm
6×6×3.14×1/4−6×6÷2
=28.26−18
=10.26cm²(答)

問題3

図の三角形 ABC において、AB ＝ AD となるように点 D をとります。このとき、角 X の大きさは何度ですか。

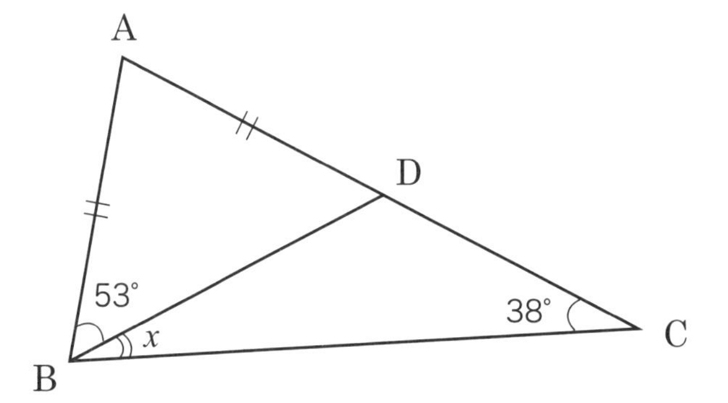

「ゴホンゲの、ヒゲも濃いけどもっと濃い解説 その３」

この問題のポイントは２つあります。一つは AB ＝ AD の使い方です。勿論、三角形 ABD が二等辺三角形なので、角 B ＝角 D ＝ 53 度と考えればいいことになります。

この**「二等辺三角形」に注目するというのは、求角の問題では最もよく出てくる頭の使い方のひとつ**だと思います。なぜなら、二等辺三角形でも正三角形でもない三角形であれば、３個の角のうち２個がわからないと、残りの１個の角はわかりません。でも二等辺三角形ならば、**「３つのうち１つの角がわかれば」**残りの２つの角はわかってしまうのです（もっと言うと正三角形であれば、自動的に３つとも 60 度だとわかりますね）。つまりヒントが足りない時に、二等辺三角形のところをまず鍵と考えて問題を解くことが多いわけです。なので「補足板書」の図１のように、例えば同じ長さの辺は濃く塗って強調してあげて、二等辺三角形を探しやすくするといいかもしれません。

そういったことをせずに、必要のない補助線を引いて、かえってわかりにくい図にしてしまったり、角度がわからないところを（まるで目の中に分度器でも入っているかのように）勝手に何度！って決めてしまったりすると、正解からどんどん遠のいていってしまうわけです。

そしてこの問題のポイントが「三角形の外角はとなりあわない残りの二つの内角に等しい」です。「補足板書」の図２をご覧ください。

ア＋イ＋ウ＝ 180 度（内角の合計)、エ＋ウ＝ 180 度（一直線）よりア＋イ＝エが導けるわけですが、この考え方を使える目印になる図形がいわゆる「スリッパの形」に似ているので、この考え方を「スリッパ」というあだ名で呼ぶことが多いと思います**（よく使う図形パターンその２に認定します)**。言い換えると「三角形の底辺を少し延ばしたもの」に注目しなさい！ってことですね（三角形が足の隠れる部分で、底辺を延ばしたところが足を乗せる部分になるわけです)。

そして「補足板書」の図３をご覧いただきたいのですが、この問題では図３で書いたようにスリッパが隠れていますね（問１で書いたように、図形の問題は**向きを変えて考えてみる**ことが大事です。スリッパが色々な向きで隠れているのです)。この問題ではこのスリッパに注目すると、X＋ 38 度＝ 53 度とすぐわかりますから、Xは 53 － 38 ＝ **15 度（答)** となります！

問題３　補足板書

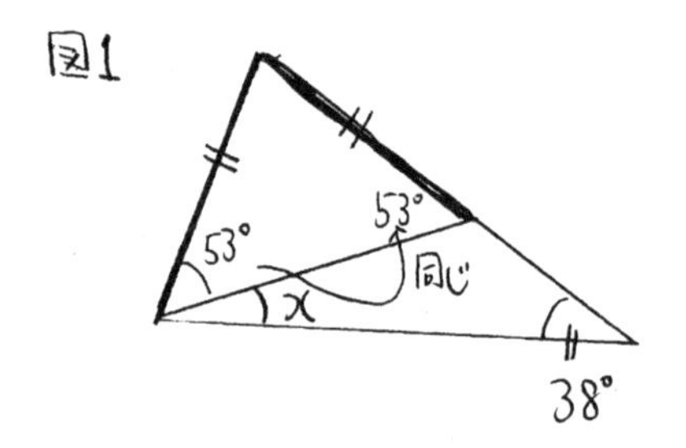

図1
53°
53°
同じ
x
38°

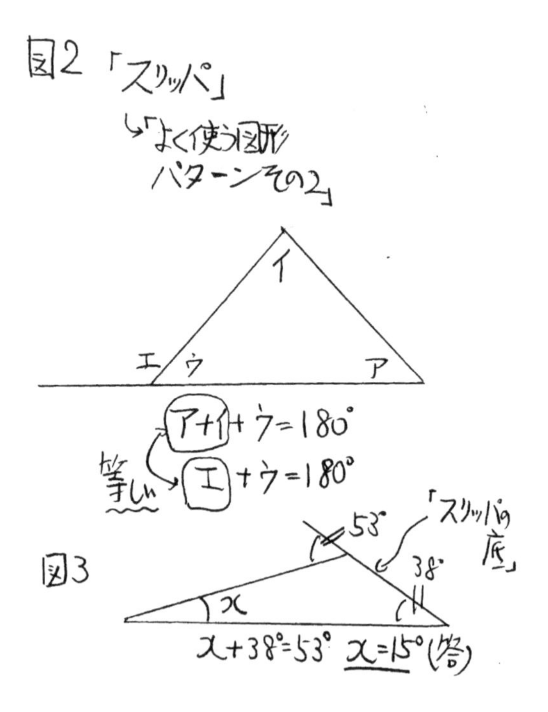

図2「スリッパ」
「よく使う図形
パターンその2」
イ
エ
ウ
ア
ア+イ+ウ=180°
等しい
エ+ウ=180°
図3
53°
「スリッパの
底」
38°
x
x+38°=53° x=15°(答)

問題4（江戸川取手）

図の長方形において、角Xの大きさを求めなさい。

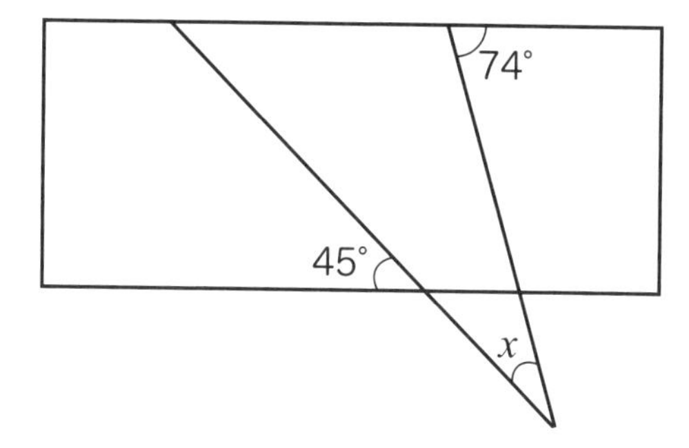

「ゴホンゲの、ヒゲも濃いけどもっと濃い解説 その４」

この問題で注目してもらいたいのは「Z形」と言われているものです **(よく使う図形パターンその３**に認定します)。黒板に板書する時は赤（ややピンク色がかってますよね）のチョークを使って、Z形をなぞって**「ももいろクローバーゼーット！」**と叫ぶと……教室中があまりの寒いギャグにシーンとなります（苦笑)。2021年の今であれば、昨年放送された某番組をネタにして「ご唱和ください、我の名を！ ウルトラマンゼ〜ット！」って叫ぶ手もありますね。やはり生徒たちは静まりかえるでしょうが（苦笑)。

……で話を戻しますが（笑)、「補足板書」の図１にありますように、平行な２本の直線に、その２本の線に交わるように斜めに直線を１本加えたような（カタカナの「キ」の字のような状態）状態で、線の向きからして、同じ記号で表した角が同じ角度になっています。その数学で「錯角」と呼んでいる位置関係を「Z形」というあだ名で呼んでいるわけです。

すると、この問題ではZ形が思う存分隠れているので（笑)、余計な線を引いたりせずとも、まずはそれを利用していくことで道が開けていきます。ここで一つ付け加えると、Z形が隠れているかも、と注目するためには、「条件をきちんと読み取る」ことがやはり大事です。問題文に「長方形」と書いてますよね。**「長方形」**→**「向かい合った辺が平行な図形」**→**「ああ、Z形が隠れているかも」**と意識すればいいわけです。

すると解き方1では右側のZ形（「補足板書」図1に書きましたがZの向きは逆でもOKです）を使って、下にある小さいスリッパの外角の部分が74度とわかるので、「Z形を使ってわかった74度をスリッパと結び付けて」45＋X＝74度、つまり74－45＝**29度(答)**となるのです。「補足板書」の図2をご覧ください！「スリッパ」は問題3で**「よく使う図形パターンその2」**に認定したやつだからわかりますね！

解き方2ですが、別のところに隠れている「Z形」と「スリッパ」に注目します。「補足板書」の図3をご覧ください！ 左側に隠れている向きが逆のZで求めた45度と大きなスリッパを結び付けて、X＋45＝74、つまり74－45＝**29度（答）**と求めればいいわけです。

こうやって考えてみても、スリッパが色々な向きで隠れている場合がある、というのがわかってもらえたんではないかと思います。この問題では色々な向きで、色々な大きさで隠れていました（笑）。図形の問題では色々**向きを変えて考えてみるのが大事**というのが、こういう問題を通じてもわかりますね。

問題4　補足板書

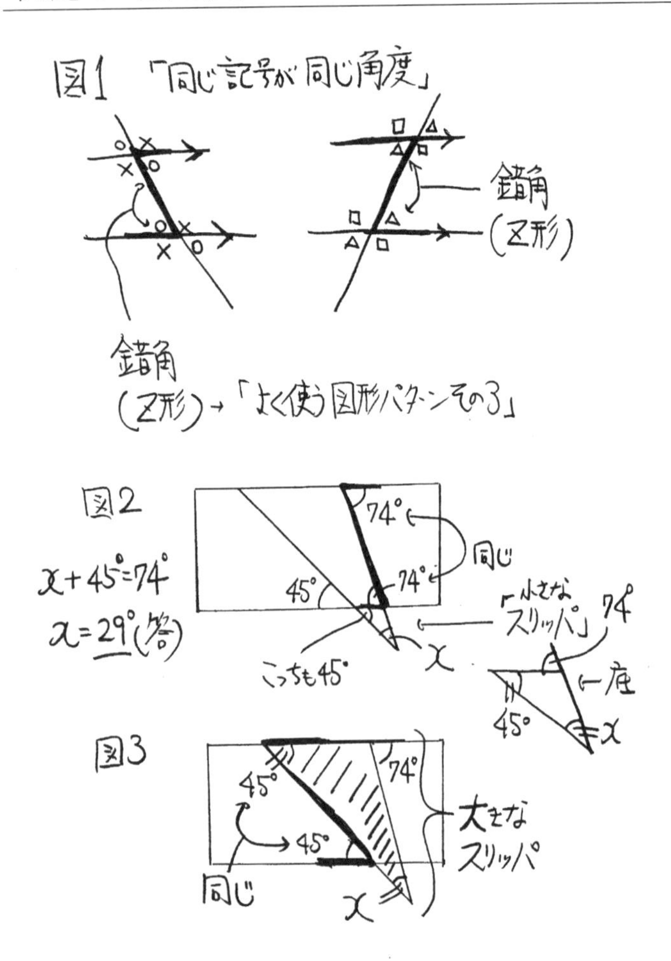

図1 「同じ記号が同じ角度」
錯角
(Z形)
錯角
(Z形)→「よく使う図形パターンその3」
図2
74°
同じ
74°
45°
$x+45°=74°$
$x=29°$(答)
こっちも45°
x
「小さなスリッパ」
74°
←底
45°
x
図3
45°
74°
45°
大きなスリッパ
同じ
x

問題５（桐光学園）

図のように、長方形の角を対角線で折り曲げたとき、角 ㋐ の大きさは□度です。

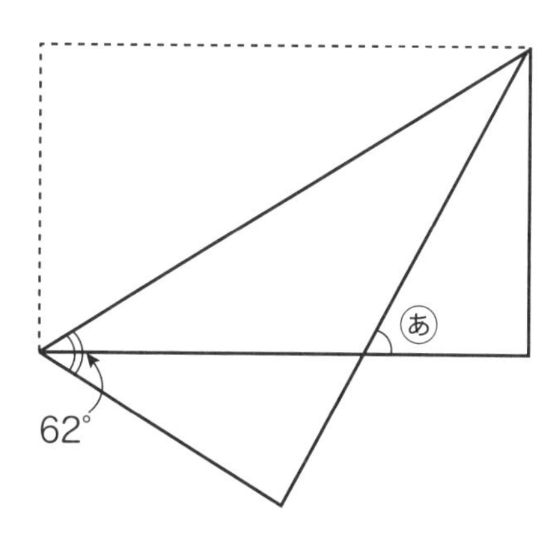

レベル1
レベル2
レベル3
レベル4
レベル5

「ゴホンゲの、ヒゲも濃いけどもっと濃い解説 その5」

この問題も、問題4で**「よく使う図形パターンその3」**に認定した「Z形」に注目してもらいたいです。問題文に「長方形」と書かれていて向かい合った辺が平行、とわかるからですね！

あとは「条件を生かす」ことが大事なわけですが、**「折る」問題では**折る前の元の部分と、折った後の逆向きになった図形は当然向きが逆なだけで、「同じ図形」ですから、**角度が同じになる部分に注目していくことが大事です。これもよく出てくる頭の使い方**です。

そして余計な線を引いて「なおさらわかんなくなっちゃったよ～！」となってしまう前に、角度のわかる部分をしっかり書きこんでいくということが大事です。算数は「サッカー」と似ています。パスをつないでいって点数をとるイメージです。ゴールキーパーがドーンとけって、そのままゴールインなんてことはめったに起こりません。**わかる情報をどんどん結び付けていって、答えまで行き着かないといけない**のです。

この問題では、「補足板書」の図1を見てもらいたいのですが、角Aは元々長方形の角だったので、90度です。直角マークを書きこんでおくと、折って逆向きになった三角形ABCの角ACBが180度から90度と62度ひいて28度と求めやすいですね。

そして「補足板書」図2のように、折る前の部分の角度も書きこんでしまうと、「Z形」と結びついて、「あ」が28度＋28度＝**56度（答）**というふうになるわけです！

問題５　補足板書

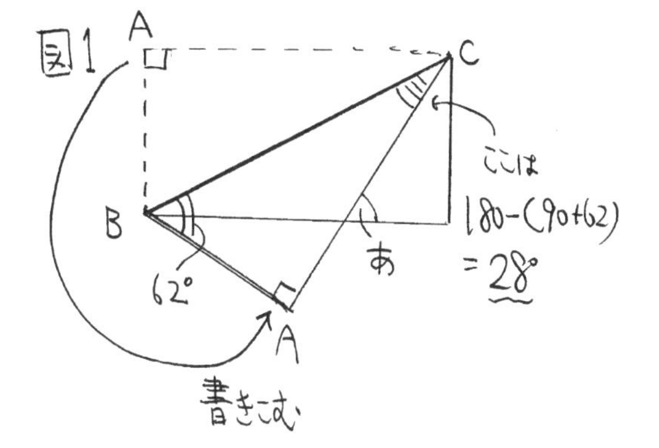

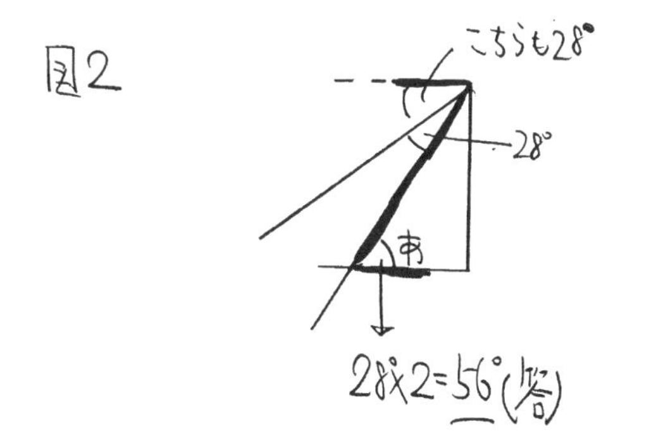

レベル1
レベル2
レベル3
レベル4
レベル5

問題6 (普連土学園)

半径3㎝と7㎝の2つの円があります。点A、Bはそれぞれの円の中心です。斜線部分の面積を求めなさい。必要ならば、円周率を3.14として計算すること。

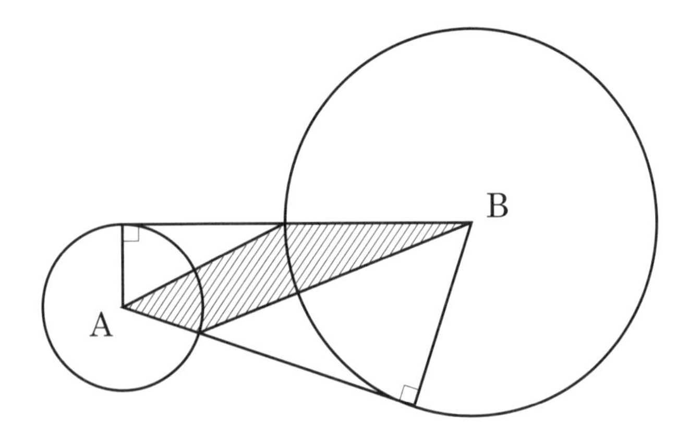

「ゴホンゲの、ヒゲも濃いけどもっと濃い解説 その６」

こういった問題を解く時の頭の使い方として**「全体の図から不要な部分（白い部分）をひく」**というのを問題２で紹介しましたが、果たしてその解き方で出来そうでしょうか。

「補足板書」の図１をご覧ください！ 四角形ACBDにおいて、例えばACとBDは平行ではありません（深く考えないで、直角マークにつられてACとBDが平行と考えちゃった人はいませんか？見た目で平行でない、とわかるとは思いますが、例えばこの図で角Dと角Aが直角ならACとBDは平行になるわけですが、角Cと角Dが直角でもACとBDは平行にはならないのです）。

で、何が言いたかったかというと、四角形ACBDは向かい合った辺で平行な辺はない、つまり特別な四角形ではないということです。勿論、ACの長さなどもわからないですし、四角形ACBDの面積は求められそうもないな、じゃあ四角形から白い部分をひくのはダメだな、と気づいてもらいたいのです。

この問題では斜線部分の面積を直接求めます。でも斜線部分の四角形も向かい合った辺で平行な辺はない、つまり特別な四角形ではないのです。台形や平行四辺形の面積の公式は勿論使えない、ということです。

そこでこの問題では**AとBを結ぶ直線を引いてもらいたい**のです。斜線部を**２つの三角形に分ける**ことで、面積を求めることが出

来るのです！　こういうふうに書くと、「えーっ、そんな補助線気づかないよ！」「どうしたらそういった補助線が思いつけるの？」といった叫びをあげた人がいるかもしれません。その点について少し書きたいと思います。

一つは、**「全体の図から不要な部分（白い部分）をひく」**とか**いくつかの（面積の出し方のわかる）図形に分ける**といったよく出てくる**頭の使い方**を普段から意識しておくことです。「いくつかの図形に分けてみたら面積を出せるのでは？」ときちんと意識している人の方が、意識しないでいる人よりもＡとＢを結ぶ直線を思いつきやすいのではないでしょうか。

もう一つは、**３㎝とか７㎝とか長さのわかる部分をやはりきちんと書きこんでおくことが大事**です（「補足板書」の図２をご覧ください！）。書きこんでおくことにより、「あっ、ＡとＢを結べばこの３㎝を底辺にして７㎝を高さにして面積を求められる！」と何も書かないよりは気づきやすくなるのではないでしょうか。問題５でも書いたように、わかる部分の角度や長さを書きこんでおくことは、答えまで行き着くためにはやはり大事なことなのです！

結局、底辺が３㎝で高さが７㎝の三角形と、底辺が７㎝で高さが３㎝の三角形が出来て、３×７÷２×２個＝**21㎠（答）**となるのです！

問題6　補足板書

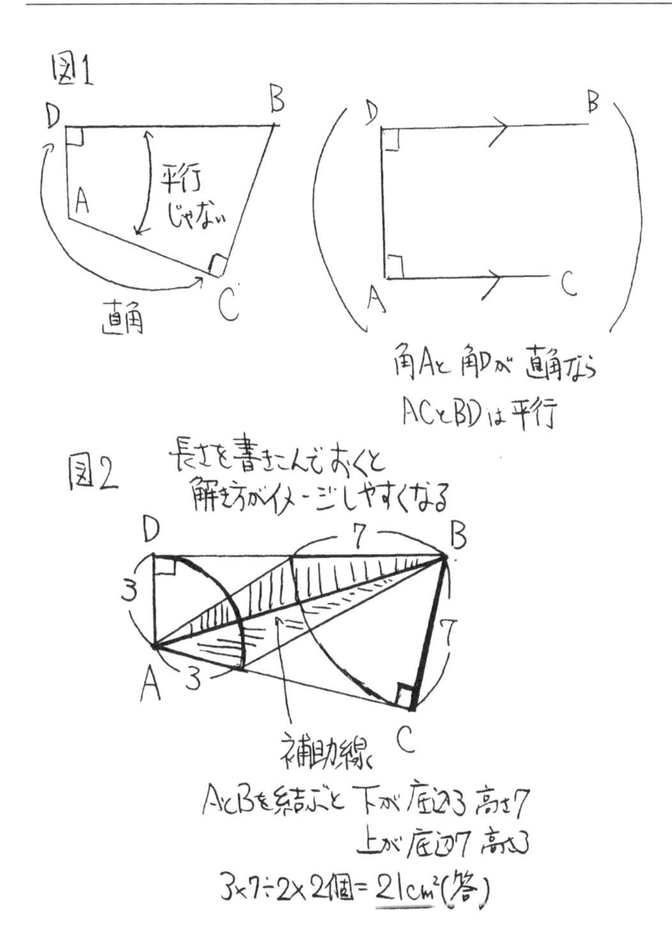

図1
D
B
平行
じゃない
A
直角
C
D
B
A
C
角Aと角Dが直角なら
ACとBDは平行
図2
長さを書きこんでおくと
解き方がイメージしやすくなる
D
7
B
3
7
A
3
C
補助線
AとBを結ぶと 下が底辺3 高さ7
上が底辺7 高さ3
3×7÷2×2個＝21cm²(答)

問題７（(1) 共立女子　(2) 香蘭）

（問題ごとに円周率の指定がない場合は、円周率は3.14で計算してください。）

(1) 図は、１辺の長さが10cmの正方形に、半径が５cmの半円を２つ重ね合わせた図形です。図の斜線部分の面積は何cm²ですか。

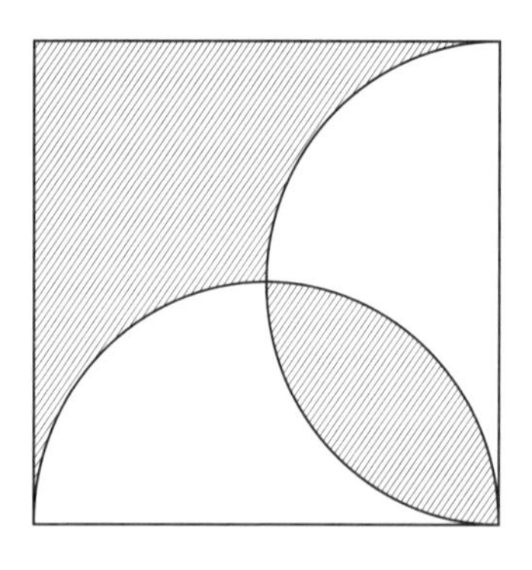

(2) 図は１辺４cmの正方形と半円を２つ組み合わせた図形です。斜線部分の面積は□cm²です。

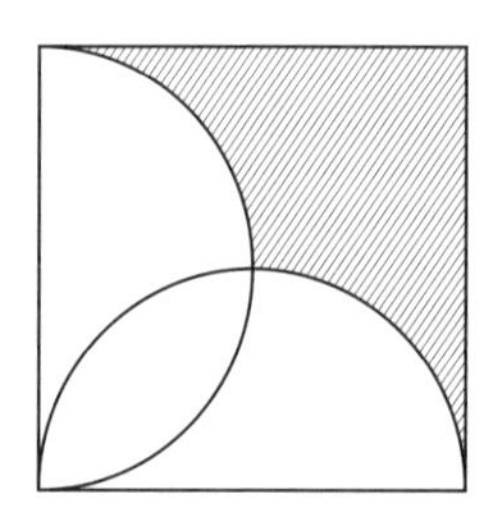

「ゴホンゲの、ヒゲも濃いけどもっと濃い解説 その7」

(1) と (2) は (寸法は違いますが) 同じ図形です。ただ斜線部分が、つまり求める部分が違う問題ということになります。同じ図形ではありますが (1) の方が生徒達にはとっつきやすい問題かもしれません。

というのも、(1) は等積移動 (ある部分を等しい面積の部分に移動して、バラバラになっている図形を一つにまとめて、面積を出しやすい図形にまとめてから求積する) を使って考える問題として有名だからです。「補足板書」の図 1 をご覧ください。**図 1 のように補助線を引いた**後でイの部分をアに移動して、ウの部分をエに移動して、正方形の半分の形 (直角二等辺三角形) にまとめることが出来ます。つまり最終的な式は 10 × 10 ÷ 2 = **50㎠ (答)** ということになります。

ここではこの機会に、この補助線が**直角二等辺三角形の 45 度を生かす補助線**なんだということをしっかり理解してもらいたいと思います (「補足板書」図 2 をご覧ください)。言葉でぐちゃぐちゃ説明するとかえってわかりにくいので (苦笑)「補足板書」図 2 を順を追って見て頂くと図のオの部分とカの部分は等しいと言える理由が理解できると思います。それを利用して (1) は上記のように等積移動をして解けばいいことになります (補助線はちゃんと条件を生かして引いている線なんだ、ということを頭に入れておくと、**邪魔な線を引いてかえってわかりにくくなることは減る**と思います)。

さて、「補足板書」図２のオとカを足した形は「レンズ形」と呼ばれている形になります。同じく「補足板書」図３を見てください。同じ大きさの四分円を互い違いに組み合わせて出来た図形から、半径が１辺の正方形１個分を引いたものがレンズ形で（**よく使う図形パターン４**に認定します）四分円２つの合計つまり半円は（半径×半径、つまり半径を１辺とする正方形の面積の 3.14 倍の半分だから、）半径を１辺とする正方形の 1.57 倍の大きさになるので、結局レンズ形は半径を１辺とする正方形に対して、半円（1.57 倍）から正方形（１倍）をひいて、0.57 倍になるのです。それを利用すると、（２）（「補足板書」の図４をご覧ください）は、対角線を引いて正方形を直角二等辺三角形にしたあとで、キの部分とクの部分を足してつくったレンズ形をひけばいいので、$4 \times 4 \div 2 - 2 \times 2 \times 0.57$ で $8 - 2.28 =$ **5.72㎠（答）**ということになります。

（2）の別の解き方を挙げると**「全体の図から不要な部分（白い部分）をひく」**考え方を使って、正方形から白い部分をひけばいいことになります。ただ白い部分の面積がうまく出せないで困る……って生徒が多い問題です。白い部分は「補足板書」の図５のように、**補助線を引いて**四分円二つと正方形１個に分ければいいのです。この補助線を思いつくには、**「おうぎ形の部分はきちんと半径の線で区切って考える」**という頭の使い方を意識してください。半径の線で区切るとおうぎ形の部分の中心角がはっきりするので面積が求めやすくなるわけです。このやり方だと、結局式は全体が $4 \times 4 = 16$ で、白い部分は、$2 \times 2 \times 3.14 \times \frac{1}{4} \times 2$ 個 $+ 2 \times 2 = 10.28$ なので、$16 - 10.28 =$ **5.72㎠（答）**となるわけです。

問題７　補足板書

【その１】

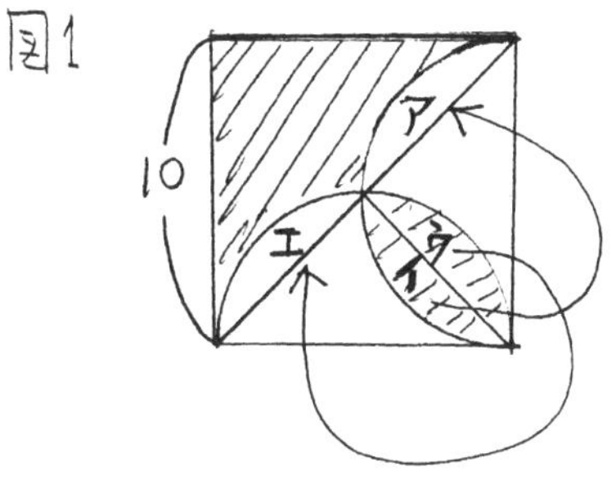

(1)は正方形の半分

10×10÷2=50cm²(答)

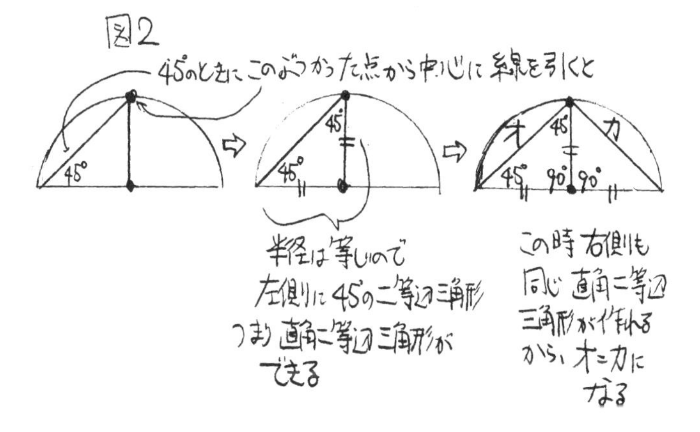

問題7　補足板書

【その2】

図3　「レンズ形」→「よく使う図形パターンその4」

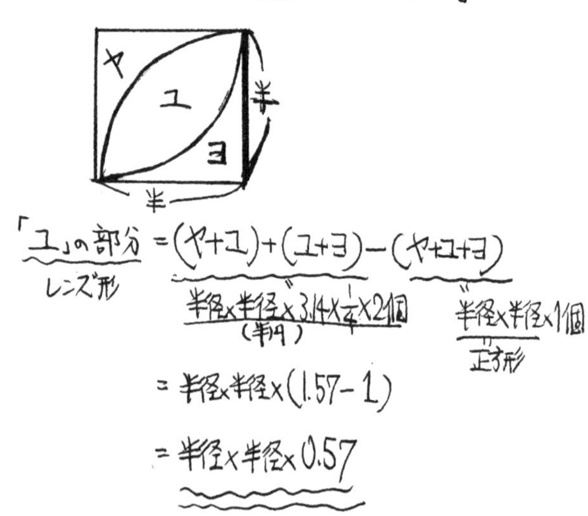

図4

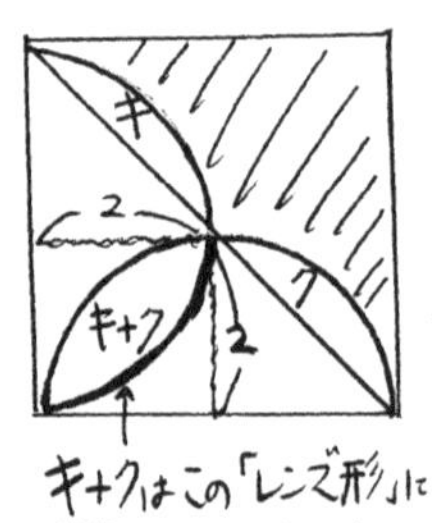

キ+クはこの「レンズ形」に等しいから、斜線部は

$4\times4\times\frac{1}{2}-2\times2\times0.57=$ 5.72cm²（答）

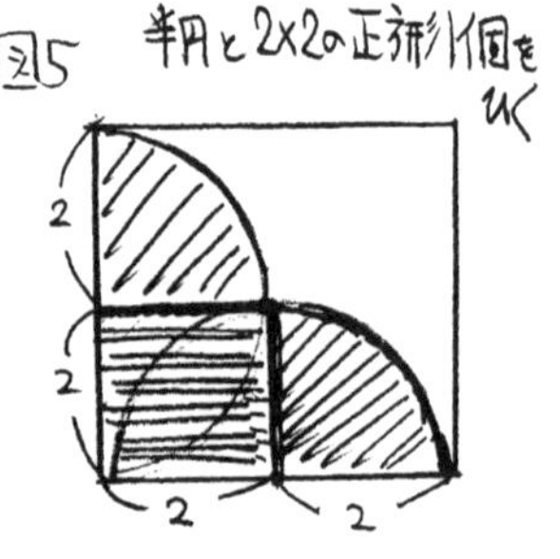

問題８（中大横浜）

Ａさんと B さんは、あるゲームを何回も行いながら石段をのぼって行きました。１回のゲームで、勝った人は５段のぼり、負けた人は２段のぼりました。ただし、引き分けはないものとします。こうして、34 回ゲームを行ったところ、Ａさんは□回勝ったので、はじめの位置より 89 段のぼりました。

「ゴホンゲの、ヒゲも濃いけどもっと濃い解説 その8」

次の問9からが「レベル2＝毛2本★★」になりますが、各レベルの最後の問題は、図形以外の問題を解いてもらおうと思っています。理由は2つで、1つは図形問題ばかりで飽きる場合もあるかもしれないので、気分転換をしてもらおうということ、そしてもう1つは図形問題と図形以外の問題を比べてもらおうということです。そしてそれが補助線の引き方のヒントになるかもしれません。

問題8はいわゆる「何のひねりもない」つるかめ算ということになります。つまり図形の問題にたとえていうと、**そのまま公式にあてはめて解けば解ける問題**ということになります。なのでこの場合は何の工夫もせずに通常のつるかめ算の考え方にあてはめていけばいいわけです。パッと見て公式で解けるなって問題をいらない線を引いてかえってわかりにくい図にしてしまうのはまずいわけですが、問題8も特に工夫をしないで「通常のつるかめ算の解き方」で解いてしまえば速く正確に解けるわけです。

ここで言う「通常のつるかめ算の解き方」というのは、つまり勝った回数を求めるので、まず34回全部「負けた場合の段数」を出す、ということ（それだと必ず実際の段数より少なくなるので、それを実際に合わせるために何回負けから勝ちに取り替えればいいか考えるので、勝った回数が求められるわけです）。

すると全部負けると $2 \times 34 = 68$ 段しかのぼってないはずなので、実際より $89 - 68 = 21$ 段少なくなる、それを負けから何回か勝ちに取り替えてその分増やせばいいので、そうすると1回取り替えるごとに2段上りから、5段上りに取り替えるので、$5 - 2 = 3$ 段ずつ増えるから、つまり式は、

$(89 - 2 \times 34) \div (5 - 2) = 21 \div 3 =$ **7回（答）** 勝てばOK

ということになるわけです。

レベル2＝毛2本★★以降では少しずつひねった問題をとりあげていきます。そして図形の問題の解き方と比べて補助線の引き方のヒントにしてもらおうと思っています。

コラム１

ゴホンゲの、のほほん気(げ)　ＰＡＲＴ１

改訂前の『中学受験作業のルール』は息抜きのページは五本毛自身でコラムを書いておりましたが、今回は私が大好きな漫画やイラストを描かれる「わたせちひろ」さんにご協力をお願いすることが出来ました。ありがとうございます！ ということで、１Ｐがわたせさんの漫画＋１Ｐがゴホンゲの漫画の内容や算数に関するコラム、という感じで今回の息抜きページは進めていきたいと思います！ 各レベル終了ごとに息抜きのページを作りますので、是非それもお楽しみの１つとして問題をドンドン解き進めていってもらえたら、と思います！ ということで題して「ゴホンゲの、のほほん気（げ）」さっそくＰＡＲＴ１といきたいと思います。

コラム1

学校見学へ行きました。
こんにちは
こんにちはー
あのジャージのお兄さん、何部に入ってるんですか？
え？
部活？
たに…なんとか…部…って
たに……？
あー!! 谷田部くんかー！
拡大
谷田部
落語部ってありますか？
昔はあったんだけどね～…

コラム1

今回の作品ですが……今回の主人公、「谷田部」を部活の名前と勘違いしてしまったんですね！　この主人公にかかったら例えば「服部」君は、洋服のデザインかなんかをする部活に入っていると勘違いされそうですね (^^)/

ちなみに「服部君」という名前の子が塾のクラスにいたら、算数の「場合の数」の授業の時に例えば答えが２×２×２＝８通り（答）などとなったら、「ハット（オ）リ！」「ハット（オ）リ！」と喜んで声をあげる男子がいる……っていうのは**「算数あるある」**ですね（笑）。

ここで話を「服部」から「谷田部」に戻しますが、「谷田部」って名前の部活はひょっとしたら全国のどこかに実際にあるかもしれないな！　と思いました。なぜなら「谷田部」＝「タニタ部」＝「健康に気をつかった食事を作る部活」。小学生の皆さんが読んでも全然ピンとこないかもしれませんね！　ゴメンナサイ！（苦笑）（そういう名前の有名な会社があるのです）

いっそ「タニタ部」ではなく、谷を「ヤ」と読んで、田は「タ」と読んで、**「ヤッター部」**はどうでしょうか!?　塾のクラスのみんなで志望校に合格して**「ヤッター！」と叫ぶ部活（笑）。**学校じゃなくて塾にそういう部活を作ると面白いかもしれませんね（肝心の勉強をしないと本末転倒ですが（苦笑））。

ちなみに塾で授業を担当しているゴホンゲとしては「若田部」という部活を作りたいです。そうです**「ワカッタ部」**です！　**授業でわからないところは是非積極的に質問してくれて「ワカッタ！」「ワカッタ！」って叫んでくれるそんな環境を是非作っていけたらいいな、**と思っています (^^)/

そして、2020～2021年の今、学校見学や説明会の類も世の中の状況を反映して、オンラインを利用する、という機会が増えています。オンラインでもこんなあたたかなやりとりがあるといいな、と願わずにはいられません (^^)/

⇩ここから「レベル２」もとい毛２本★★（笑）

問題９（東京家政大学附属）

図は、角アと角ウが直角の四角形アイウエです。辺エウ上にオをとって、三角形オイウの面積が四角形アイウエの半分になるようにするとき、エオの長さは何cmですか。

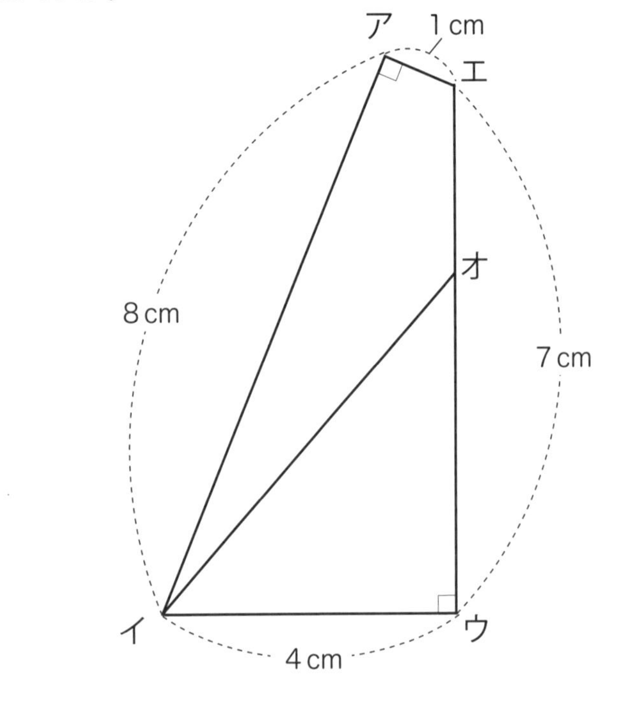

「ゴホンゲの、ヒゲも濃いけどもっと濃い解説 その9」

この問題は結論を先に言うと**補助線を引いて**もらいたいのですが、どういった線を引けばよいかわかりますか？ それにはやはりまずは**問題をしっかり読んでもらいたい**です。補助線はやたらめったら引くものではなく条件を生かして引く線だからです（そうでないと、補助ではなく下手すればただ邪魔なだけの線になりかねないからです）。

この問題では三角形オイウが全体の面積の半分になるようにする、と書いています。そうすると全体の面積がわかった方がいいに決まってますよね。この四角形の面積を出すにはどうしたらいいかな？ そう考えた時に、この場合は「全体から不要な部分をひく」の方ではなく、**「いくつかの面積を出せる形に分ける」という頭の使い方**でうまくいきそうだ！ となると思います（図に書きこんである直角や、長さのヒントから**イとエを結んで２つの三角形に分けると底辺も高さもわかるのでうまくいく**、と気づけると思います。問題文だけでなく、図形の問題は図形自体もしっかり重箱の隅をつつくように見てくださいね）。

「補足板書」の図１を見て頂きたいですが、これで全体の面積を $1 \times 8 \div 2 + 7 \times 4 \div 2 = 4 + 14 = 18$㎠と求められるので、三角形オイウの面積が $18 \div 2 = 9$㎠になればいいとわかりますね。

するとオウの長さが $4 \times$ オウ $\div 2 = 9$ と考えられるので、オウが $9 \times 2 \div 4 = 4.5$㎝なので、結局エオは $7 - 4.5 =$ **2.5㎝（答）**と求められるのです！ 前の方のページで算数の問題を解くのはサッカーに似ているという話しを書きましたが、このようにわかることからその次にわかることをどんどん求めていって、まるでパスをつなげるかのように答えへとつなげていってもらいたいと思います！

問題９　補足板書

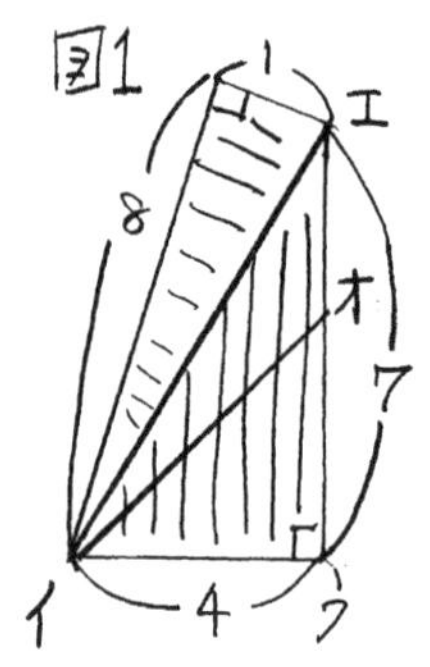

イとエを結んで全体の面積を出す

$8 \times 1 \div 2 + 4 \times 7 \div 2 = 18\text{cm}^2$

△オウイはその半分→9cm^2とわかる

オウ$\times 4 \div 2 = 9$

オウ$= 9 \times 2 \div 4 = 4.5$

エオ$= 7 - 4.5 = 2.5\text{cm}$（答）

問題 10（香蘭）

図アのような直角三角形の紙３枚を、図イのように横が□cm、縦が８cmの長方形の紙にはりました。横の長さは何cmですか。

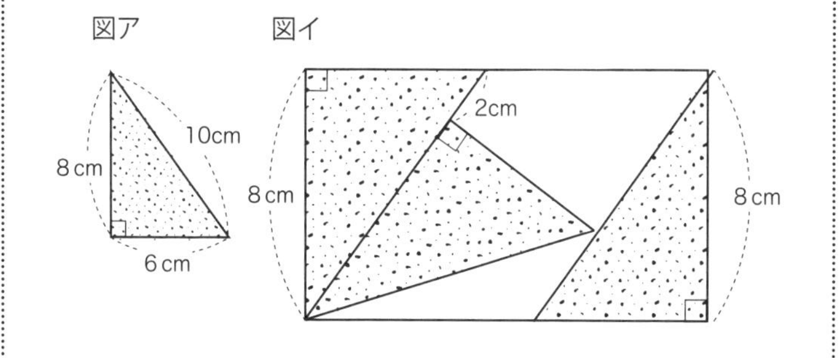

「ゴホンゲの、ヒゲも濃いけどもっと濃い解説 その10」

この問題は結論を先に言うと補助線は引く必要はないのですが、問題9で問題をよく読めって書いたあったからよく読んでみたけど、紙を貼るとかそういう内容のことしか書いてなくてこれじゃ補助線が必要かどうかわからないよ!? と思った人も少なくないかもしれませんね。

そこで問題9を教訓にこういう風に考えてもらいたいのです。問題9では全体の面積から、三角形の部分の面積を求めてそこから長さを逆算していきましたね……そうです、**「長さを求める問題でよく出てくる頭の使い方」の一つが面積からの逆算**だということを頭に入れておいてもらいたいのです。

すると例えば問題9の場合だと、補助線引いて三角形に分ければ面積が出るからそれで長さが求められるかも……とだんだん見通しが立ちやすくなり答えまでたどり着きやすくなっていくわけです。

では問題10の場合はどうでしょうか? 問題の図に書きこまれていないけど長さがわかる部分がいくつかあると思いますが、実はそこの**長さをきちんと書きこんでいくことが**、中の白い部分の平行四辺形の面積がわかることにつながっていくのです! 問題6でもわかってる部分の長さを書き込むことの重要性を説明しましたが(あまりにもクドクド書きこみすぎると時間がかえってかかったり、図が汚くなったりすることもあるので考えものですが)、適度に**わかっている情報を図に書きこんでいくことで問題を解く流れに乗り**

やすくなる、ということを頭に入れておいてください。

詳しくは「補足板書」図1をご覧ください！ 白い部分が平行四辺形ということは、全体が長方形であることから上底と下底が平行で、また上底と下底で長さも等しい（上から下まで幅が一定）ことからわかるわけですが、その平行四辺形の「斜めの辺の方を」底辺と考えると、底辺が2＋8＝10㎝で、高さが直角三角形の短い辺と同じ6㎝ということがわかりますね！ やはり図形の問題は**向きを変えて考えてみたりする**ことが大事なわけです。これで平行四辺形の面積が10×6＝60㎠とわかったら、今度は元の向きに戻して考えて、高さが8㎝と考えると、底辺は60÷8＝7.5㎝とわかりますね！ つまり長方形の横の長さはそれに6㎝を足せばいいので、7.5＋6＝**13.5㎝（答）**となるのです。

問題 10 補足板書

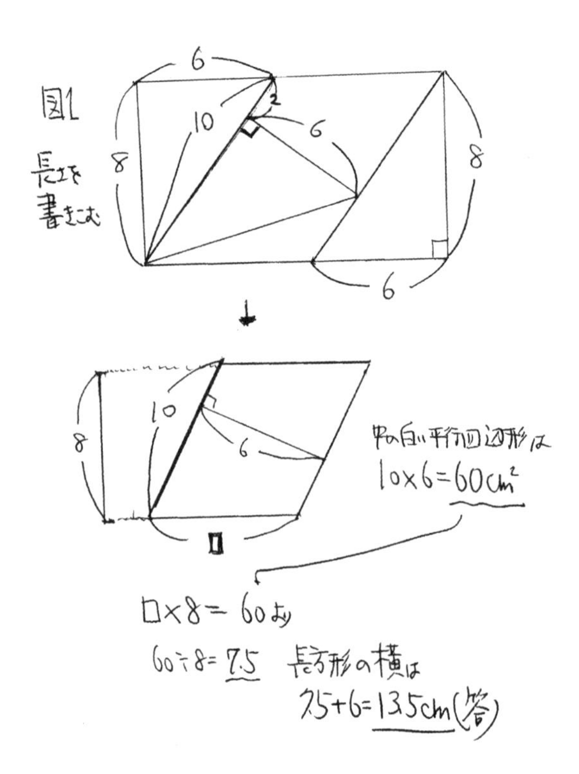
図1
長さを
書きこむ
6
10
2
6
8
8
6
10
8
6
□
中の白い平行四辺形は
10×6=60cm²
□×8=60より
60÷8=7.5 長方形の横は
7.5+6=13.5cm(答)

問題 11（鷗友）

図は、半径が２㎝であるおうぎ形と、横の長さが２㎝である長方形を組み合わせたものです。ＡとＢの面積が等しいとき、長方形の縦の長さを求めなさい。

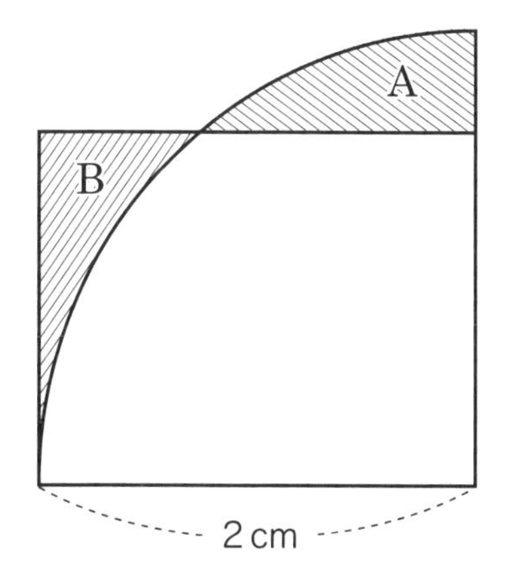

レベル1
レベル2
レベル3
レベル4
レベル5

「ゴホングの、ヒゲも濃いけどもっと濃い解説 その11」

これも結論を言うと補助線を引く必要はない問題です。この問題は白い部分をCと考えて「B＝AということはB＋C＝A＋C」と考えればいいのです（「補足板書」図1をご覧ください！）。Cの部分を使って考えたい問題なので線をあれこれ引いてCの部分を通るように線が引いてあったりすると、その線が邪魔をしてかえってわからなくなってしまうかもしれません。

具体的な解き方ですが、B＋Cは長方形（たての長さを□とすると2×□が面積を求める式）でA＋Cは四分円で（$2 \times 2 \times 3.14 \times \frac{1}{4} = 3.14$）となるので、2×□＝3.14つまり長方形の縦の長さを求める式は3.14÷2＝**1.57㎝（答）**となるわけです。解き方を丸暗記だと忘れてしまうと対処できないので、しっかり理解してもらいたいところです。そのために心がけるべきことを2つ書いておきます。

1つはこの問題も問題9や問題10と同様に、「面積から長さを逆算する問題」だということです。**面積から長さを逆算で求める、というのはやはりよく使う頭の使い方**だということです。面積から逆算するのにAやBだけだと面積自体が出ないので、間にあるCを両方に足して、A＋CやB＋Cを利用して逆算の式を作るといい、と考えればいいわけです。

もう1つ言っておきたいことは、この**「A＝B→A＋C＝B＋C」という考え方自体をよく出てくる頭の使い方として意識してもらい**

たい、ということです。A＋C＝B＋CからA＝Bと気づくのは易しいことです。でもその逆でA＝Bの場合、(その両方にCをたして)A＋C＝B＋Cと考えるのは気づきにくい……だからこそ出題しようと狙われるわけです。

そして「補足板書」の図2をご覧ください。これと似たような頭の使い方なのですが、**「AとBの差を求めなさい」という出題で「A＋CとB＋Cの差を求める」**というパターンもあります。例えばこの問題でもし長方形のたての長さが1.4㎝ならAとBは面積が違うわけですが、そのAとBの差はA＋C（四分円）とB＋C（長方形）の差を求めればいいので、3.14と2×1.4＝2.8の差で0.34と求められるわけです。こういった似たような頭の使い方の問題を関連付けて（セットにして）理解することで解き方を忘れにくくしてもらえるといいと思います。

問題11 補足板書

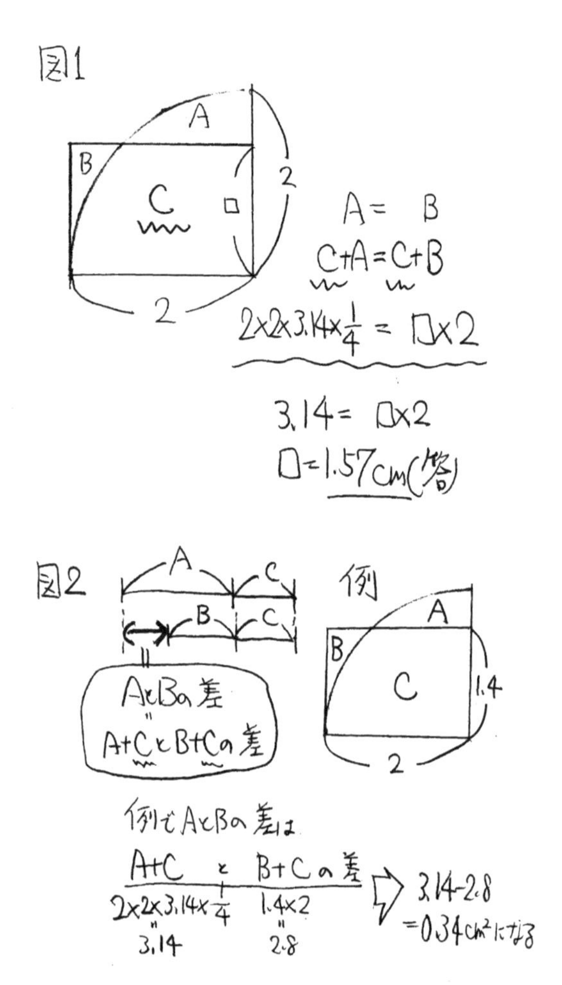

図1
A
B
C
□
2
2
A＝B
C+A＝C+B
2×2×3.14×1/4＝□×2
3.14＝□×2
□＝1.57cm(答)
図2
A
C
B
C
AとBの差
"
A+CとB+Cの差
例
A
B
C
1.4
2
例でAとBの差は
A+C と B+C の差
2×2×3.14×1/4
"
3.14
1.4×2
"
2.8
3.14−2.8
＝0.34cm²になる

問題 12（聖徳大学附属女子）

図のように、ひし形 ABCD を点 A を中心に 29° 回転させました。角㋐の大きさは何度ですか。

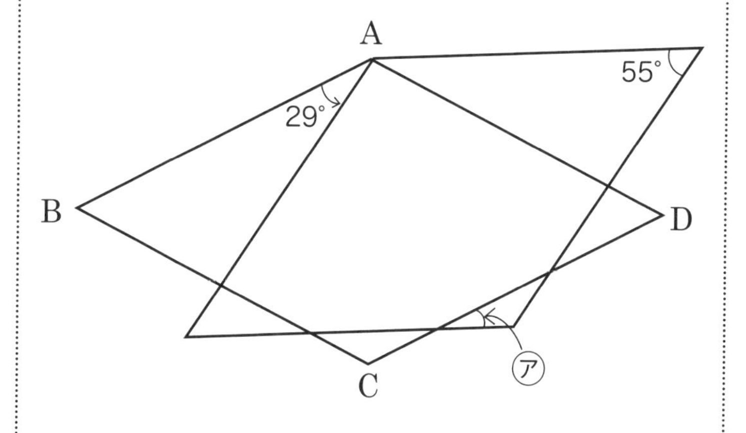

レベル1
レベル2
レベル3
レベル4
レベル5

「ゴホンゲの、ヒゲも濃いけどもっと濃い解説 その12」

いつも必要でない補助線は引かなくていい、くらいの言い方をしている私ゴホンゲですが､それはろくに考えないで線を引くことで、問題の条件を生かさない線が図の上にいっぱい書かれることで、かえってわかりにくくなってしまうことを恐れているわけです。

なのでこの問題では、例えば「補足板書」図1のような考え方で答えまで持って行けば補助線は必要ないわけですが、問題の条件から「**補助線を引いてZ形(よく使う図形パターンその3)を作ろう**！」としっかり考えて線を引いてみるのは勿論アリですし、それで短い手順で答えに行き着くことが可能になります。

この場合の条件を生かす、というのは、ひし形も平行四辺形同様向かい合った2組の辺の長さが等しいので→向かい合った2組の辺は平行と言える、ということです（ひし形は結局4辺とも等しいわけですが)。つまり向かい合った2組の辺が等しい図形＝向かい合った辺が平行な図形が出てくるからZ形が使えるかも！ という意識で考えてもらいたいわけです。

そして「補足板書」図2をご覧ください！ 平行な2直線の間に、平仮名の「く」の字のようになっている状態の線が引かれていたら、**「く」の折れ曲がったところを通るようにさらに平行な線を引いてZ形を作る**というのは条件を生かしたよくある補助線の引き方としてマスターしておいてもらいたいのです。

そして「補足板書」図3に書いたように、この問題ではその補助線の引き方が使えるパターンが隠れているわけです！ Dを通るようにひし形の上底と下底と平行に直線を引いてZ形を作ると､結局、55 − 29 = **26度（答）**という簡単な式で答えが求められることがわかりますね！

問題 12 補足板書

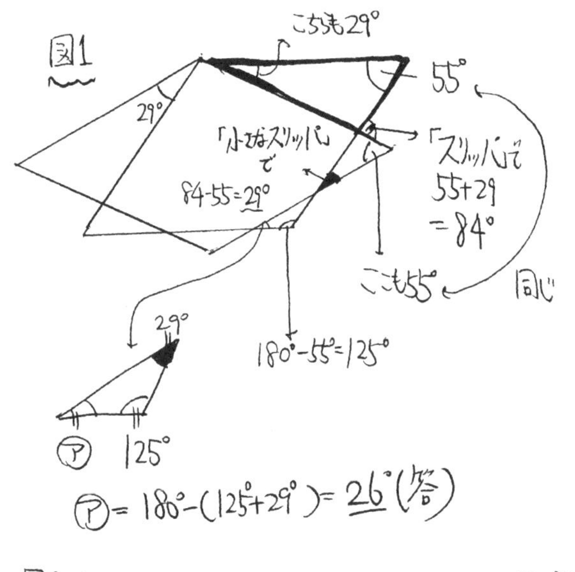

図2
「平行線の間に「く」の字」

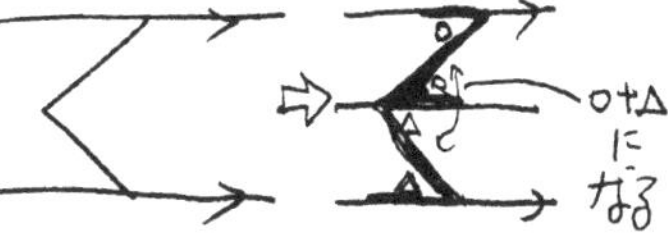

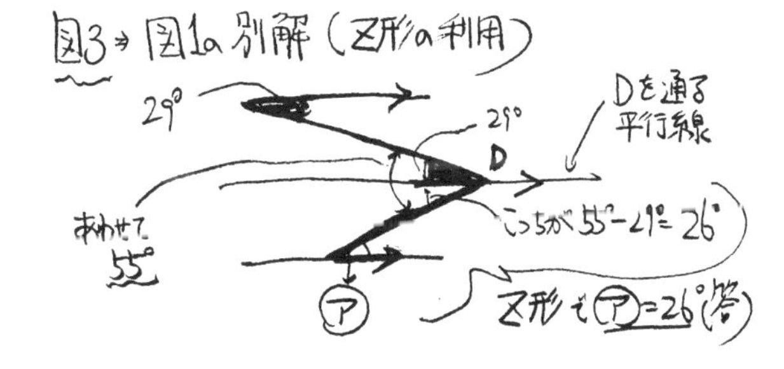

レベル1 レベル2 レベル3 レベル4 レベル5

問題 13（鎌倉学園）

図のように、正五角形 ABCDE の中に正三角形 FCD が入っています。角 X の大きさは□度です。

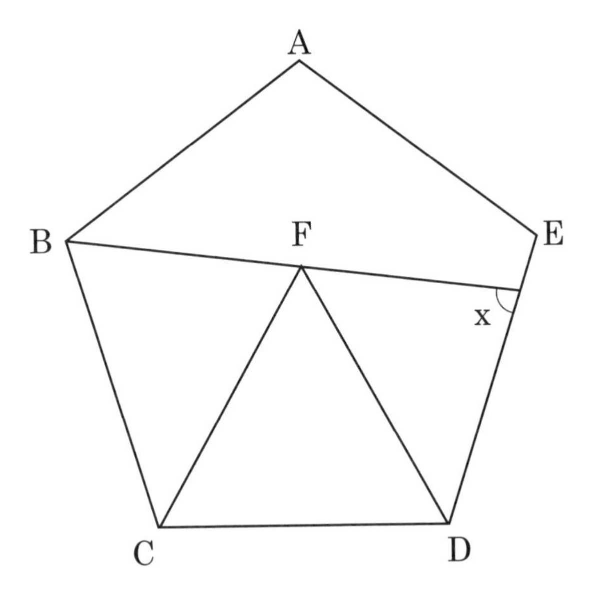

「ゴホンゲの、ヒゲも濃いけどもっと濃い解説 その13」

これも角度がわからないところが多い！ という感じで焦ってやたらめったら線を引くことで、利用すべき「二等辺三角形」の存在にかえって気づきにくくなる、というのは避けてもらいたい問題です。

問題3の解説で書きましたが、**二等辺三角形に注目するというのは角度の問題ではもっともよく使う頭の使い方**です（3つのうち1つの角度がわかるだけで問題が解けるので、まずはそこをとっかかりにして攻めていくことが多い）。ただ、勿論二等辺三角形が隠れてないのに注目することは出来ません（笑）。だから隠れているかどうかを問題の図をよく見たり、問題文の条件からきちんと考えてもらいたいのです。

するとこの問題文には、**正五角形ABCDEの中に正三角形FCDが入っています**。と書いています。このことと図を見比べることにより、例えば**正五角形の5辺と正三角形の3辺が等しい（辺CDが両方に共通）**ことがわかり、等しい辺がたくさんあることから二等辺三角形が隠れていそうだな、だからまずそこに注目して解けばいいんだなと判断できるわけです。

「補足板書」図1に書いた通り、実際三角形CBFが二等辺三角形とわかります。三角形CBFでCが108度（正五角形の内角）－60度＝48度、他の2つの角が（180－48）÷2＝66度とわかっていくことにより、他の角度もわかっていくわけです（苦手な子

はXのところ、つまり右側に出来ている三角形にばかり注目がいって、わからない！　となってしまうわけですが**二等辺三角形のところをとっかかりにして、そこから答えまで行き着くように情報をつなげていってもらいたい**わけです）。

結局、角BFCが66度とわかることにより、右側の三角形の角の一つが180－（66＋60）＝54度とわかり角FDEは108－60＝48度なので、Xは180－（54＋48）＝**78度（答）**と求められるわけです。

（上に出来ている四角形を使って攻めていってもいいですが、その場合も結局は二等辺三角形CBFから攻めていくことになります。そうすると角ABFが108－66＝42度とわかり、四角形の内角の360度から42度と108度を2つひいて（角BAEと角AED）Xの外角が102度と出るので、Xは180－102＝**78度(答)**と求められます。→「補足板書」図2ご参照）

問題 13 補足板書

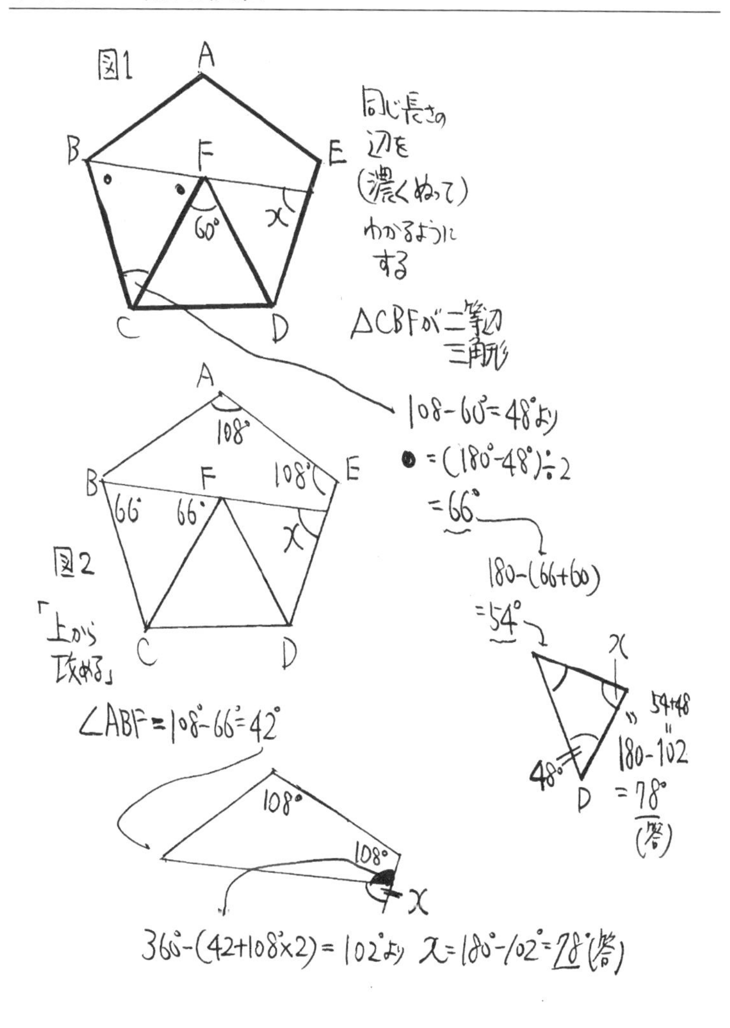
図1
A
B
E
F
C
D
60°
x
同じ長さの
辺を
(濃くぬって)
わかるように
する
△CBFが二等辺
三角形
108−60°=48°より
●=(180°−48°)÷2
=66°
図2
108°
66°
「上から
攻める」
180−(66+60)
=54°
∠ABF=108°−66°=42°
54+48
180−102
=78°
(答)
48°
360°−(42+108°×2)=102°より x=180°−102°=78°(答)

問題 14（品川女子学院）

図のような直角三角形 ABC があります。AD、DE、EF、FC の長さがすべて等しく、２つある角Xの大きさが等しいとき、角Xの大きさは□°です。

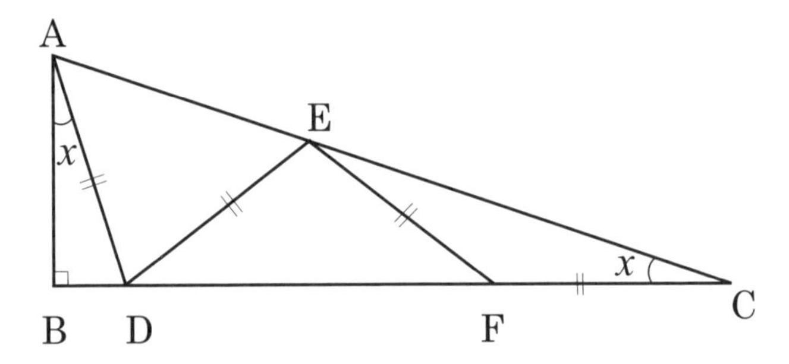

「ゴホンゲの、ヒゲも濃いけどもっと濃い解説 その14」

この図を見た時に、「スリッパ」（**よく使う図形パターンに問題3で認定済**）が3個見つけられますか？ 足を入れる部分が、三角形EFCのやつと三角形DECのやつと三角形ADCのやつがあるわけです（「補足板書」図1をご覧ください！）。見つけられなかった人は、「向きを変えて考えてみる」ってことをもう1度胸に刻んでみてください！

ただ、スリッパを見つけられたとしてそれをどう生かすかがわからない……という人もいるかもしれません。こういった図形の問題でとりあえず角度のわからない部分を何らかの記号で表すことがあるわけですが、**「同じ角度とわかっているものを同じ記号で表す」**（勿論同じ角度でないものを同じ記号で表してはいけません）ようにすると問題を解く流れに乗せやすくなります。

これはどういうことかというと、例えば同じ大きさなので同じXで表した2個の角度の合計が120度とわかると、X×2＝120度だから、X＝60度と求められますね！ でももし片方のXを同じ大きさとわかっているのにYと表してしまうと、X＋Y＝120度という式になってXが求められなくなってしまいます。だから**同じ角度とわかっているものは同じ記号で表そう**、と言っているわけです。

長々と文章で説明するとかえってわかりにくいので「補足板書」の図2をご覧ください！ 上記に書いたことをふまえて考えると、

角 CEF ＝X（二等辺三角形）→角 EFD ＝X＋X＝X×２（スリッパの利用）→角 EDF ＝X×２（二等辺三角形）→角 AED ＝X×２＋X＝X×３（スリッパの利用）→角 EAD ＝X×３（二等辺三角形）と問題を解く流れが出来ていくのがわかりますね。そして最後に一番大きな三角形 ABC の内角の合計がX４個（角 CAB）＋X１個（角 ACB）＋ 90°＝ 180°より、X５個＝ 90°より、X＝ **18°（答）** と求められるのです！ レベル３＝毛３本（★★★）以上ではもっと手強い問題がぞくぞく登場しますが、レベル１、レベル２で紹介している **「頭の使い方」「問題を解く流れへの乗せ方」「よく使う知識（図形のパターン）」** をきちんとモノにしておくと、そういった難しい問題にも対応出来るようになっていきますし、勘で補助線を引いてみたけどよくわからない(実は必要ない線を引いていた)などということも減っていくはずです！ この問題では **元々隠れているスリッパを利用していく** ので勿論補助線は必要ない、ということです。

問題 14 補足板書

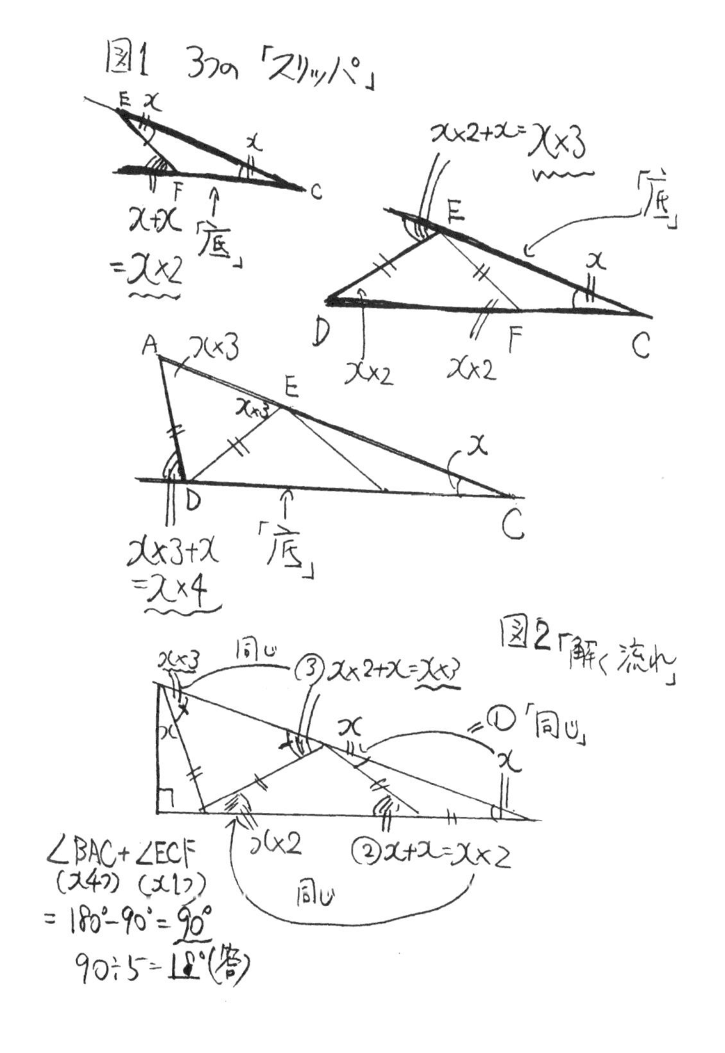
図1 3つの「スリッパ」
E
F
C
x
$x+x$
$=x\times2$
「底」
$x\times2+x=x\times3$
「底」
E
D
F
C
$x\times2$
$x\times2$
A
$x\times3$
E
$x\times3$
D
C
$x\times3+x$
$=x\times4$
「底」
図2「解く流れ」
$x\times3$
同じ
③$x\times2+x=x\times3$
x
=①「同じ」
$x\times2$
②$x+x=x\times2$
同じ
∠BAC+∠ECF
(x4つ) (x1つ)
$=180°-90°=90°$
$90\div5=18°$(答)

問題 15（立命館慶祥）

図は、面積が１㎠のひし形をすき間なく、そして重ならないようにして敷き詰めた平面です。この平面上に３点Ａ，Ｂ、Ｃをとり、三角形ABCを作りました。この三角形の面積は何㎠ですか。

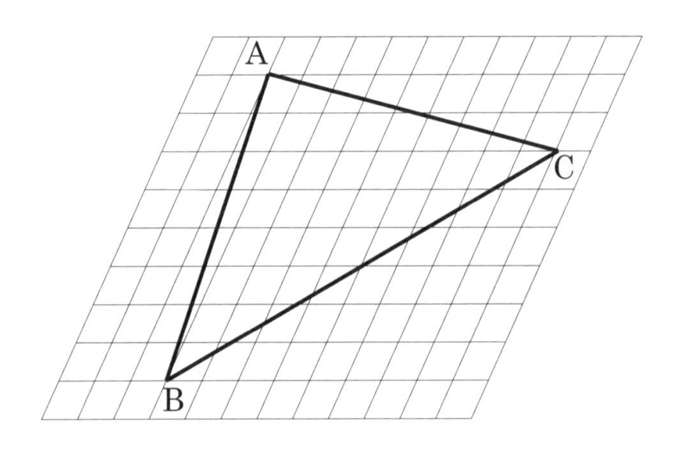

「ゴホンゲの、ヒゲも濃いけどもっと濃い解説 その15」

まえがきで「1問1問解き方を暗記して挑むということではなく、よく出てくる**「頭の使い方(さかのぼって考えよう！とか比べよう！等)」**や**「問題を解く流れ」**であったり、**「鍵になる知識」**であったりを状況に応じてあてはめて使って、わかっていく情報をつなぎ合わせていって答えへと持っていけばいい」という話を書きました。

解き方が無数にあるイメージではないのです。例えば補助線というのも、「こういう線を引いたら、よく使うあの頭の使い方が出来る」とか「こういう線を引いたら、よく使う図形パターンが出来る」という感じで引いていってよいのです。

例えばこの問題15の補助線を引く時も、結局面積を出す時の**「全体の図から不要な部分をひく」**や**「いくつかの面積の出せる部分に分ける」**といった今までに出て来た**「よく出てくる頭の使い方」**にあてはめられるような線を引ければいい、ということなのです。

この問題の場合、正方形を敷き詰めた平面でなく、「ひし形を敷き詰めた平面」なので少し難しく感じるかもしれません。ただ「全体の図から不要な部分をひく」パターンに持って行く線を思いつくのはそれほど難しくはないのでは、と思います。

「補足板書」図1をご覧ください。**まわりを72個＝72㎠のひし形（8×9）で出来た平行四辺形で囲んで**周りの3つの三角形をひけば求める部分の面積が出ます。左下は1×8÷2＝8個の半分で4個＝4㎠、右下は8×6÷2＝24個＝24㎠、上は9×2÷2＝9個＝9㎠ひけばいいので、72－（4＋24＋9）＝**35㎠(答)**となります！

問題15 補足板書

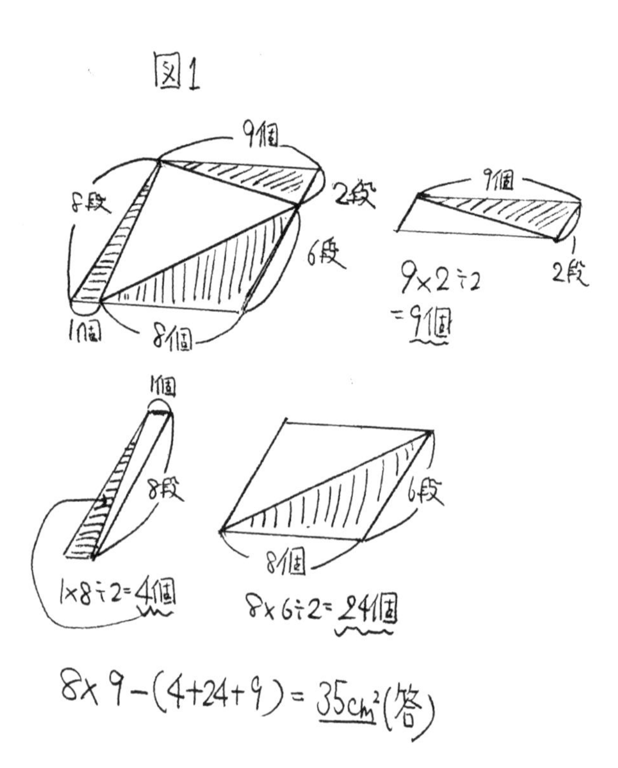
図1
9個
8段
2段
6段
1個
8個
9個
9×2÷2
=9個
2段
1個
8段
6段
1×8÷2=4個
8個
8×6÷2=24個
8×9−(4+24+9)=35cm²(答)

問題 16（実践女子学園）

正方形と半円を組み合わせた下の図形の斜線をつけた部分 DEA の面積は何㎠ですか。ただし、曲線 CD と曲線 DE の長さは同じです。また円周率は 3.14 とします。

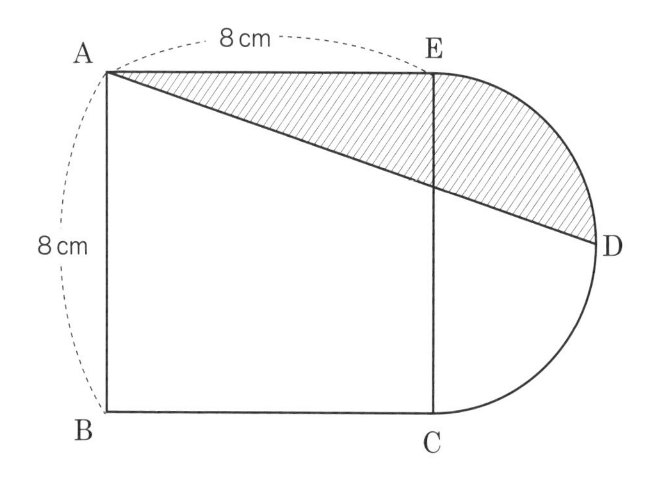

「ゴホンゲの、ヒゲも濃いけどもっと濃い解説 その16」

「全体の図から不要な部分（白い部分）をひく」でいいわけです(半円と正方形の合計から白い部分をひく)。ただし、白い部分がいくつかの部分に分けて計算しないといけないので面倒かもしれません。
いっそ弧ＣＤ＝弧ＤＥなのでＤから半円の中心に線を下せば、四分円２つに分けられるので、「補足板書」図１のようにＤから**半円の中心を通ってＡＢにぶつかるまで直線を引いてしまう**、それで四分円と正方形の半分を足した形を作って、その図形から直角三角形をひくのが簡単だと思います。

上記に書いた直線は別に特別な発想ではありません。問題７の解説で、**「おうぎ形の部分はきちんと半径の線で区切って考える」**ように書きました。斜線部は弧のＥからＤのところまでで、弧のＤからＣは関係ないので、Ｄから中心に線を引いて四分円に区切ってしまうといいのです。四分円を元に考えればいいので正方形も一緒に半分に切って、全体の図形を半分に切った「四分円＋正方形の半分」を元にして不要な三角形の部分をひけばいいのです。

つまり式は、$4 \times 4 \times 3.14 \times \frac{1}{4} + 4 \times 8 - 4 \times (4 + 8) \div 2 = 12.56 + 32 - 24 =$ **20.56㎠（答）**になります。

問題16 補足板書

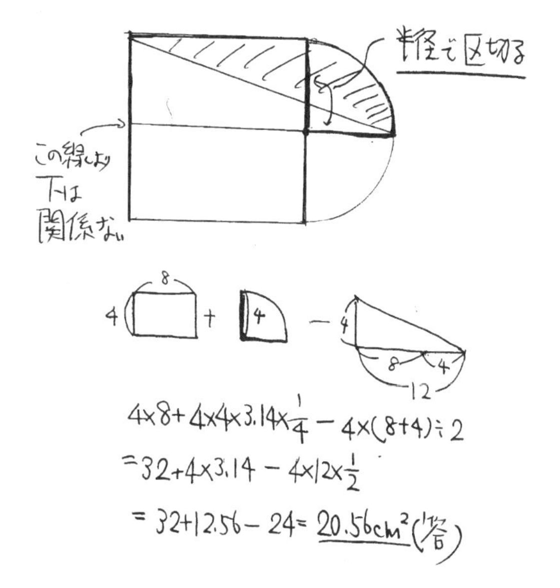
図1
半径で区切る
この線より下は関係ない
8
4
4
4
8
4
12
4×8+4×4×3.14×1/4 − 4×(8+4)÷2
=32+4×3.14 − 4×12×1/2
=32+12.56−24= 20.56cm²(答)

問題 17（聖徳大学附属女子（特待））

下の図の長方形の面積は□㎠です。

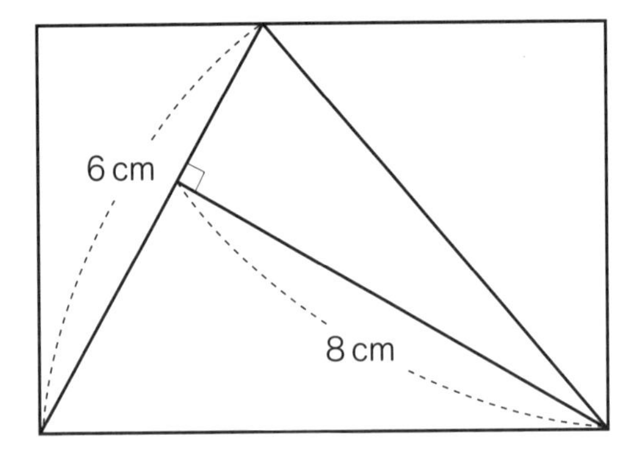

「ゴホンゲの、ヒゲも濃いけどもっと濃い解説 その17」

長方形の面積の公式は勿論、**「たて×横」**ですが、残念ながらたての長さも横の長さもこの問題では求められません。では図の中にある6㎝と8㎝というヒントはどう使うべきなのか？

この6㎝と8㎝を使えば、中に書かれている三角形の面積は（6㎝を底辺で、その底辺と垂直な8㎝を高さと考えれば）6×8÷2＝24㎠と求められますね。ではサッカーに例えるならその中の三角形が24㎠というパスを受けて、答えというゴールまで持って行けるのか、ということです。

答えまで持っていくには、「等積変形」という考え方を理解していてもらいたいです。三角形は底辺と高さが変わらなければ面積を変えないで、形を変えることが出来るので、「補足板書」の図1を見てもらいたいのですが、**中の三角形は面積を変えずに変形して（高さが変わらないように頂点を底辺と平行にずらして）長方形の半分の面積であることがわかりやすい位置に持って行く**ことができます。「補足板書」に書いてある、等積変形すると長方形や平行四辺形の半分になる図形のイメージはよく目や脳に焼き付けておいてもらいたいと思います（と言うことで、**よく使う図形パターンその5**に認定します！）。

結局、問題17の正解は中の三角形24㎠が長方形の半分→長方形は中の三角形の2倍なので、24×2＝**48㎠（答）**となります！

問題 17 補足板書

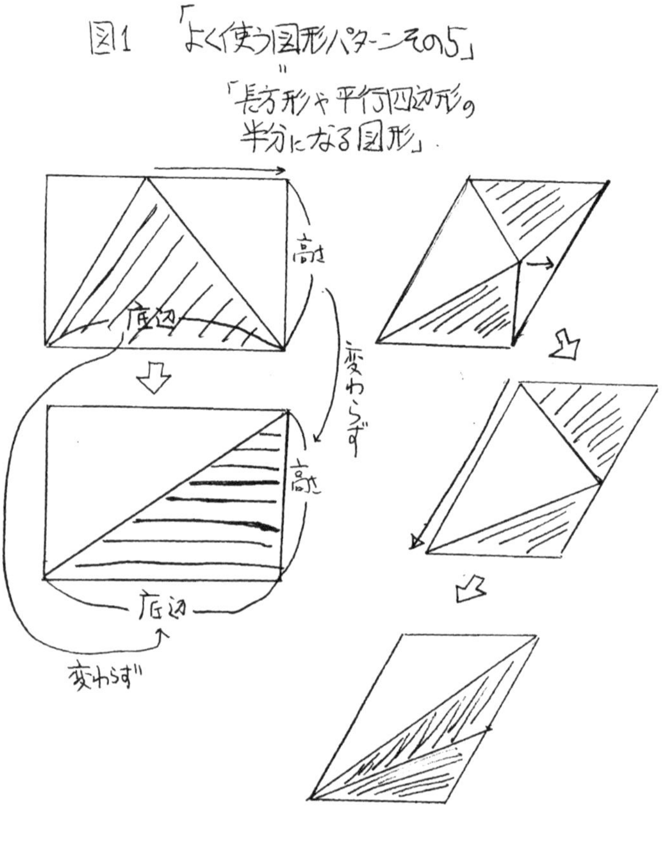

図1　「よく使う図形パターンその5」
〃
「長方形や平行四辺形の半分になる図形」

高さ
底辺
変わらず
高さ
底辺
変わらず

問題 18（青山学院中等部）

図は直径６㎝の半円と、点A、Bを中心とする半径６㎝のおうぎ形を組み合わせたものです。このとき、色のついた部分の面積は□㎠です。

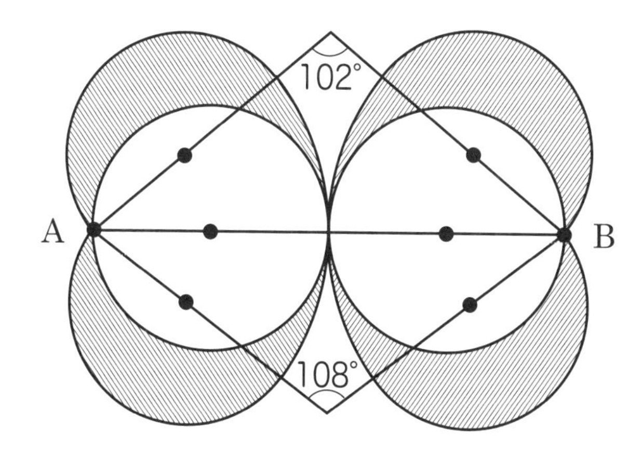

「ゴホンゲの、ヒゲも濃いけどもっと濃い解説 その18」

問題９の解説のところで、**補助線は条件を生かして引く線だから、**問題文をよく読むことが大切、ということを書きました。この問題文の「直径６㎝の半円と半径６㎝のおうぎ形を組み合わせた」というところが超大事です。要はその組み合わせた図形を**全体と考えて中の白い部分**（円２つ）を**ひけばいい**のです。**全体から不要な部分をひくのは、よく出てくる頭の使い方**でしたよね。

その問題文だけでピンと来なければ、半径６㎝のおうぎ形の半径を（なぞるだけなので、補助線というのとはまた違うとは思いますが）しっかりなぞってみるといいと思います。問題７や16の解説で**「おうぎ形の部分はきちんと半径の線で区切って考える」**といいと書きました。「補足板書」図１の通り、左側も右側も半円２つとおうぎ形から出来ていることがはっきりイメージ出来て解きやすいと思います。

その「補足板書」図１を見てもわかる通り、半円２つ足したものと中の白い部分（円）は、直径がどちらも６㎝なので同じ面積になります。つまり半円２個（円と同じ直径６㎝）＋おうぎ形（半径６㎝）－円（直径６㎝）と考えると、半径６㎝のおうぎ形だけ残ることがポイントのなのです！

あとはそのおうぎ形の中心角が問題になるわけですが……左のおうぎ形と右のおうぎ形の中心角の合計が四角形の内角 360° から 102° と 108° をひいた 150° になるのがポイントです！

というのは**半径が６㎝で同じなので、**２つのおうぎ形は１つにまとめられるのです！ すると２つまとめた時の**中心角の合計がわかれば面積が出る**ので、$6 \times 6 \times 3.14 \times \frac{150}{360}$ で **47.1㎠（答）**が正解です！ 角度だったり、長さだったりをそれぞれはわからないけど、**和や差がわかることに注目する頭の使い方もちょくちょく出てきます**ので頭に入れておいてもらいたいと思います！

問題 18 補足板書

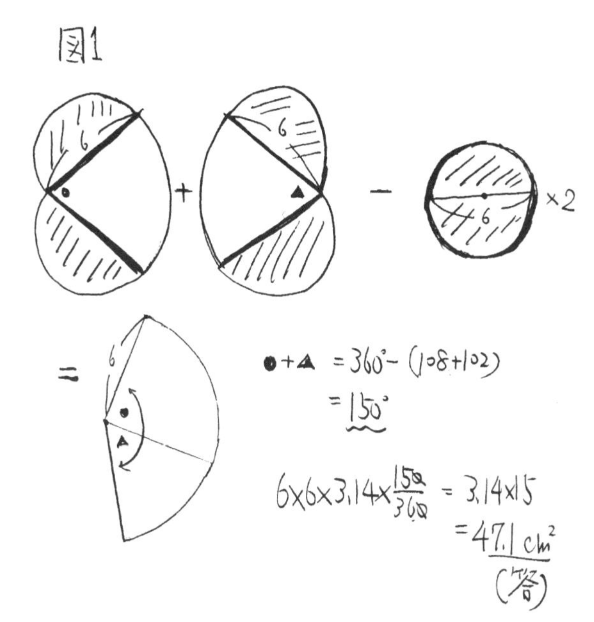

レベル1 レベル2 レベル3 レベル4 レベル5

問題 19（高輪）

図１は１辺が 10㎝の正方形５個で作った図形です。次の問いに答えなさい。

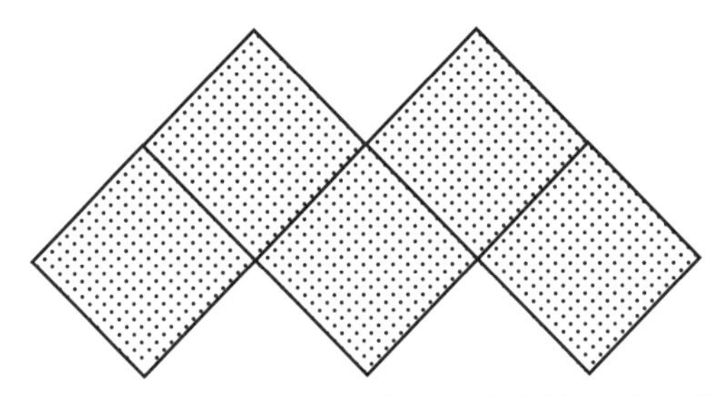

下図は図１の図形と円で作った図形です。網目部分の面積の和は何㎠ですか。ただし、●は円の中心です。

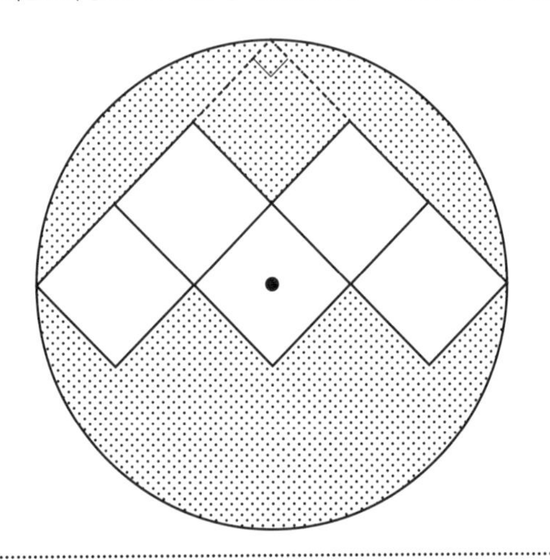

「ゴホンゲの、ヒゲも濃いけどもっと濃い解説 その19」

問題7で書いた内容と関連してくるのですが、円の面積の公式は**半径×半径×3.14**です。そして半径×半径は**「半径を1辺とする正方形の面積」**にあたります。例えば半径3㎝の円の面積を求める式は、勿論3×3×3.14なわけですが、これは3×3＝9㎠と考えて、面積が9㎠の正方形の面積の3.14倍と考えることが出来るのです！ すると「補足板書」の図1に書いたように、半径を1辺とする正方形の面積が10㎠の場合（この場合の半径は3より大きく4より小さい、数学でいうところのルートでないと表せない数になります）10×3.14＝31.4㎠というふうに円の面積を求めることが出来るのです！

つまり、半径はわからなくても、**半径を1辺とする正方形の面積がわかれば、円の面積はわかる**のです！ なので、ゴホンゲは半径がはっきりしない時は、半径を1辺とする正方形の部分を**「ぐりぐり」濃く書いて**、その部分の面積をまず出そうと考えます（補足板書の図2をご覧ください！）。

「半径を1辺とする正方形」をぐりぐり濃く目立つようにすることで、その部分の面積の求め方がイメージしやすくなります。半径がわからないので、対角線がわかってそれで求めればいいのか、あるいは別の方法なのか……この問題では、その正方形の対角線が正方形の1辺10㎝の3個分なので30×30÷2＝450が（半径が1辺の）正方形の面積なので450×3.14が円の面積を出す式で、そこから10×10の正方形5個ひけばいいので、結局、450×3.14－10×10×5＝1413－500＝**913㎠（答）**となるわけです。

問題19 補足板書

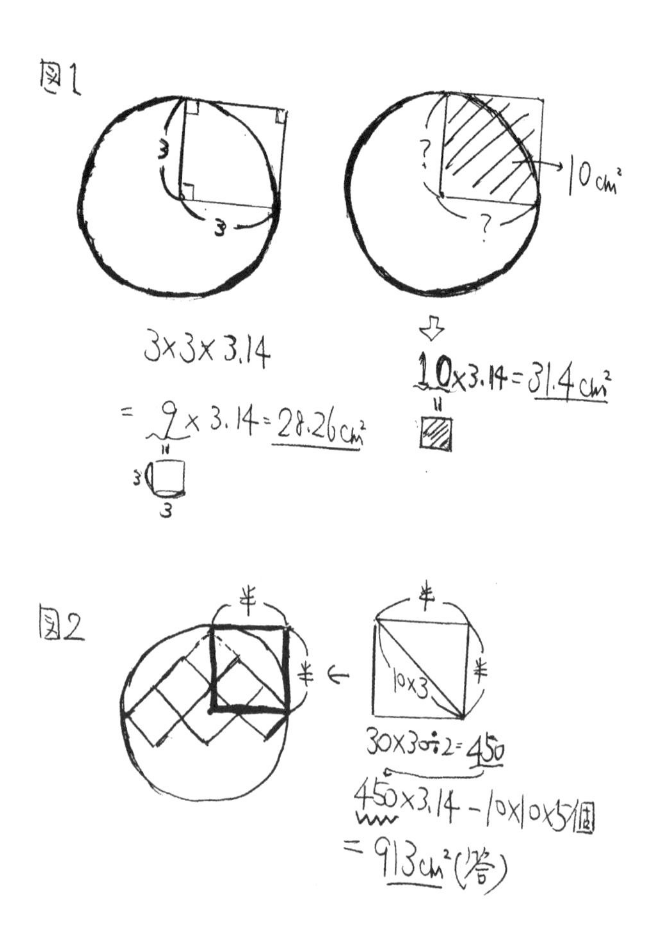

図1
3
3
?
?
10cm²
3×3×3.14
= 9×3.14=28.26cm²
3
3
10×3.14=31.4cm²
図2
半
半
半
半
10×3
30×30÷2=450
450×3.14−10×10×5個
=913cm²(答)

問題 20（大妻多摩）

図の四角形 ABCD が平行四辺形で、辺 BC と RQ は平行です。このとき、次の問いに答えなさい。

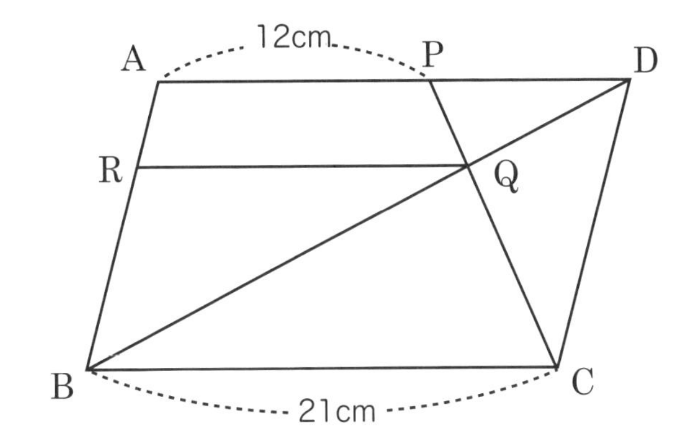

(1) 三角形 PQD と三角形 CQB の面積の比を求めなさい。

(2) RQ の長さを求めなさい。

「ゴホンゲの、ヒゲも濃いけどもっと濃い解説 その20」

三角形は３つの角が等しい三角形同士は（２角が等しければ残りの一つは自動的に等しいので、２角が等しいと３つとも等しいということになる）相似なわけですが、**平行線を生かして２つの三角形同士が相似になる典型的な２つのパターンが隠れている**のがこの問題です。だから余計な補助線など引かずにその２パターンを生かしてチャッチャッと解いてもらいたいです。

ちなみにその２パターンというのを確認しておきましょう。「補足板書」の図１をご覧ください！

「８の字みたいな」パターン（五本毛はリボンと呼んでいます）と、「アルファベットのＡの字に横線１本引いた」パターンですね。

前者はアの三角形とイの三角形が相似ということになりますが、後者はアの三角形とア＋イの三角形が相似ということになります（**よく使う図形パターンその６**に認定します！）。

一応、相似の基本的な知識を確認しておくと、相似な図形同士の対応する部分の比は全て同じ比（相似比と言う）でしたね。自分は授業では、例えば底辺が縦幅が１：２（もう片方が２倍）なのに、横幅が１:10（もう片方が10倍）だったら太ってしまうよね！ みたいな話をします（自分の似顔絵をたては２倍するけど、横は10倍するとかして太っているのを納得させたりします）。縦幅が１：２なら横幅も１：２なのが相似な図形同士ですね。

そうすると、例えば正方形同士は相似なわけですが、相似比が２：

3の正方形であれば、面積比は2×2：3×3＝4：9になりますよね。円だってそうです。半径2㎝の円と半径3㎝の円の相似比は2×2×3.14：3×3×3.14＝4：9になりますよね！

つまりまとめると、相似比がａ：ｂ→面積比がａ×ａ：ｂ×ｂでしたね！

では、問題の図形の中から相似の2パターンを見つけてチャッチャッと解いてしまうと（「補足板書」図2をご覧ください！）(1)は三角形PQDと三角形CQBの相似を見つけて、相似見つけたらまず相似比ってことでDP：BC＝9：21＝3：7を見つけて、そこから面積比に持って行って3×3：7×7＝**9：49（答）**ですね！きちんとパスをつないでシュートまで持って行けましたか？

(2)はアとア＋イが相似のパターンの方ですね！ 三角形BRQと三角形BADが相似で、相似比は、BQ：BDを見て7：7＋3＝7：10なので（このあたりは**(1)の結果からわかる**わけです！ **前の小問でわかったことを使って解いていく、というのもよく出てくる頭の使い方**の一つですよね）、RQ＝⑦とすると、AD＝⑩＝21㎝ということになり、RQ＝21÷10×7＝**14.7㎝（答）**となるわけです！

ここまではとりあげた長さを求める問題は、ほとんど**「面積から逆算する」**やり方でしたが、**「(相似などの）比の考え方を使う」**という頭の使い方もしっかり頭に入れておいてください！

問題20 補足板書

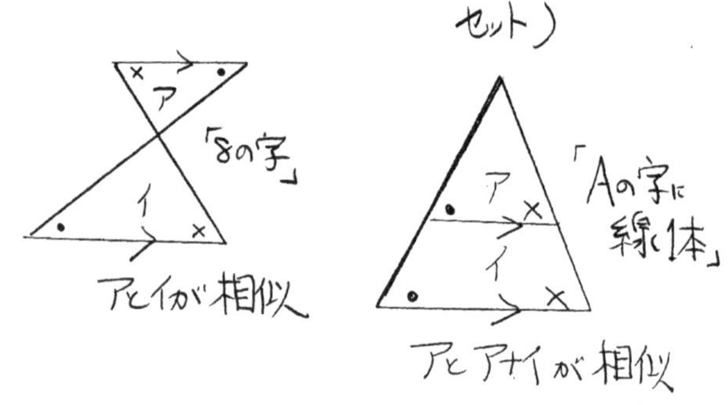
図1「よく使う図形パターンその6」(相似な三角形のセット)
ア
イ
「8の字」
アとイが相似
ア
イ
「Aの字に線1本」
アとア+イが相似

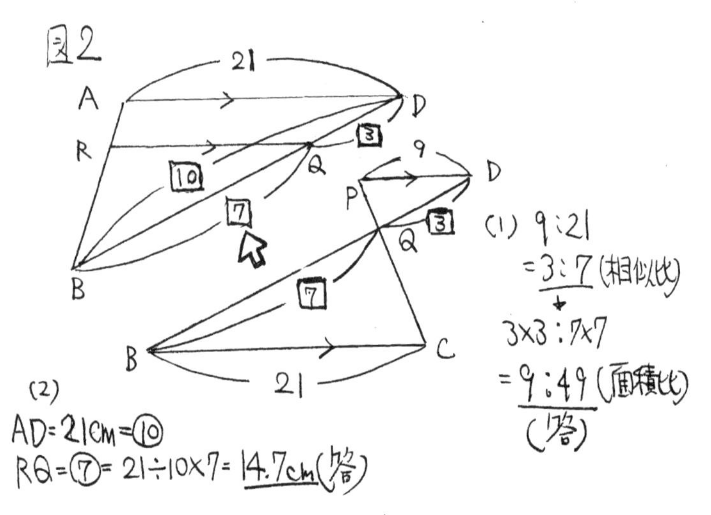
図2
21
A
D
R
3
Q
10
7
9
D
P
3
Q
B
7
B
C
21
(1) 9:21
=3:7(相似比)
3×3:7×7
=9:49(面積比)
(答)
(2)
AD=21cm=⑩
RQ=⑦=21÷10×7=14.7cm(答)

問題 21 （問題 21 ～ 22 は慶應中等部）

図１で長方形の周の長さが 126 ㎝のとき、斜線の部分の面積は□ ㎠です。

【図１】

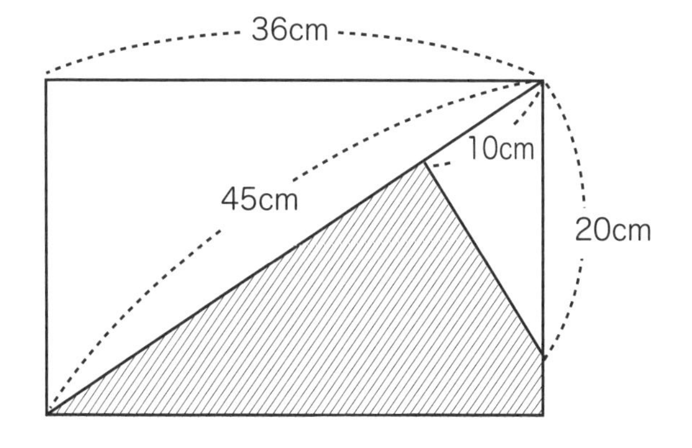

「ゴホンゲの、ヒゲも濃いけどもっと濃い解説 その21」

今回も比を使って解く問題ですが、高さの等しい図形は（底辺比と面積比が比例して）底辺比がａ：ｂ→面積比がａ：ｂ（逆も成り立つ）を使って解くやつです。たとえば高さが等しい三角形は、底辺が２倍だとそれに合わせて面積も２倍になるよ〜ってそういうことを言ってるわけですね。

これも**「よく使う図形パターンその７」**に認定してしまいますが、まずはどういった図形が目印なのかしっかり目に焼き付けておきましょう。「補足板書」図１をご覧ください！ 平行四辺形や台形のような高さがどこで測っても一定(要は上底と下底が平行ということ)な図形を、その中を仕切っていくつかの部屋に分けてるようなイメージの図ですね（授業では塾でビルのフロアを借りて、仕切りを入れて教室を作るようなイメージ……みたいな話をします。どの部屋の高さも同じということですね)。

また三角形を頂点からの仕切りで区切ったような図形もよく出てきますね。テントを仕切りで区切るみたいな。どの部屋も天井の高さが同じだし、床の高さも同じということです。「補足板書」図１のような図形のイメージが出てきたら、この考え方が使えるということです。

では、問題21でこの考え方が使えるのか？ ちょっとイメージが違うような……

実はここで**「補足板書」図２のような補助線を引いてもらえると**、その図において、アの部分：イの部分＝20：７、そして今度は45㎝の方の辺を底辺と考えて（このように向きを変えて考えてみるのがやはり大事なのです！）ア＋イ：ウ＝10：45－10＝２：７となるので、「補足板書」図３のように連比を作ると、ア：イ：ウ＝40：14：189とわかるわけです！（補足板書図４のように、天井から床に向かって線を引くイメージで、高さが等しい三角形が作れます。底辺の比がわかっている時にこの補助線を引くと、出来た三角形の面積の比がわかるわけです！　こういうのを条件を生かした補助線の引き方と言うわけです！）ウの部分は結局底辺36㎝、高さ27㎝の三角形の（40＋14＋189）分の（189＋14）＝243分の203なので、486㎠×$\frac{203}{243}$＝**406㎠（答）**となります。

ここでひとつ付け加えます（補足板書図５をご覧ください！）。実はこの問題、**補助線を引かないで計算で求めることも出来ます**。45㎝の方を底辺と考えると、ア＋イの部分はその底辺の長さよりア＋イ＋ウつまり三角形全体の45分の10で、その45分の10にした三角形ア＋イを元に考えてさらにその27分の20と考えると、486㎠×$\frac{10}{45}$×$\frac{20}{27}$＝80㎠がアと求められ、斜線部は486－80＝**406㎠（答）**となります！　補足板書図５に書いた**「よく使う図形パターン８」**をよく目に焼きつけておきましょう！

（最近はこのパターンを、自分の授業では「たけのこの里」と呼ぶようにしています！　三角形全体がたけのこで、三角形全体の$\frac{a}{b}\times\frac{c}{d}$がチョコの部分ですね）

レベル１
レベル２
レベル３
レベル４
レベル５

問題21 補足板書

【その1】

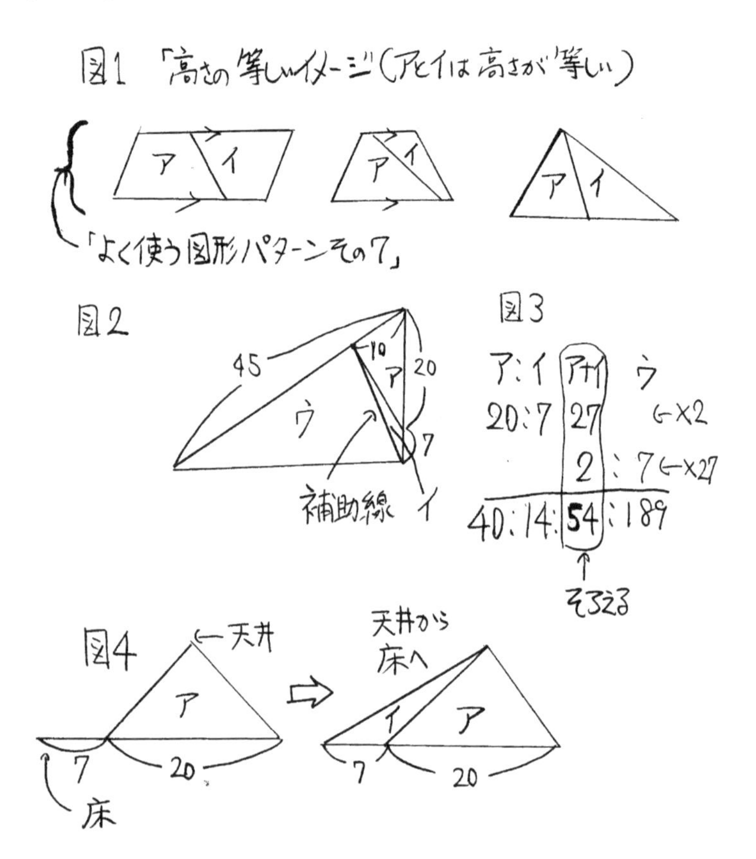

問題21 補足板書

【その2】

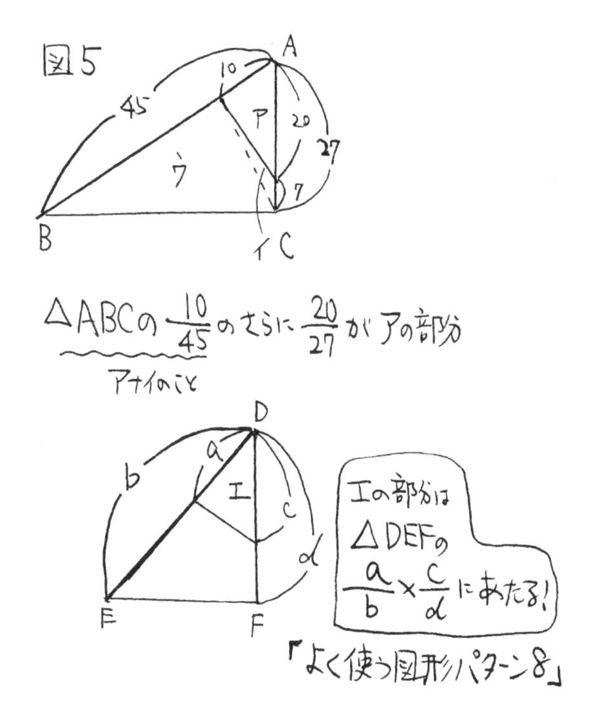

問題 22

家から 10㎞離れた学校まで、自転車を使って時速9㎞で進みましたが、途中でパンクしてしまいました。5分かけて修理したが直らず、その後、時速4㎞で歩いた結果、家から学校まで1時間 30 分かかりました。このとき、歩いた距離は□．□㎞です。

「ゴホンゲの、ヒゲも濃いけどもっと濃い解説 その22」

次の問題23からが、「レベル3＝毛3本★★★」ということで、例によってレベルの最後は図形以外の分野からの出題ということなのですが、レベル1の最後の問題であった問題8同様、実は「つるかめ算」の問題ということになります。

要は問題8と比べてもらいたかった、ということなのです。そうすると、5分修理している時間は1時間30分からとってしまってから「つるかめ算」を解かないといけない、というふうにひとひねりしているわけです（進んだ距離の10㎞は時速9㎞×時速9㎞で進んだ時間＋時速4㎞×時速4㎞で進んだ時間で求められるはずです。そう考えると修理した5分間はどちらの速さでも進んでいないので、進んだ時間の合計からははずさないといけないのです！）。

すると、時速4㎞で進んだ距離を求めるので、最初は「全部時速9㎞で進んだ場合」を考えて、1時間25分＝85分＝$\frac{85}{60}$時間＝$\frac{17}{12}$時間、時速9㎞×$\frac{17}{12}$時間＝$\frac{51}{4}$㎞より実際に進んだ距離は$\frac{51}{4}-10=\frac{11}{4}$㎞少ない。距離を減らすのに速さを時速9㎞から時速4㎞に毎時5㎞ずつ減らすので、$\frac{11}{4}$㎞減らすのに、（$\frac{51}{4}$－10）㎞÷毎時（9－4）㎞＝$\frac{11}{20}$時間、時速4㎞で進めばよい。よって時速4㎞×$\frac{11}{20}$時間で**2.2㎞（答）**というふうになるのです。

ここで一番言いたいことは、その余計な5分間があることにより、

「つるかめ算」じゃない何か新しい文章題のやり方で解く必要はない、ということです。そのいらない５分をとってしまって、**やり方を知っている「つるかめ算」の形に持ち込んで解く**わけです。

そして実は補助線の働きもそういう働きであるということです。つまり線を引くことにより、何か新しい今まで誰もやったことのない解き方で解くようにする……ということではなくて、自分の知ってるやり方に持ち込んで解くために線を引くようにするわけです。例えば問題 15 なら、**「全体から不要な部分をひく」**やり方に持って行くために、まわりを補助線で囲んだわけです。つまり、自分の知っているやり方に持ち込む線、ということは自分がまずきちんと押さえておくべき知識をしっかり押さえて、解き方をしっかり理解していることにより（そういった解き方に持ち込むための）、良い補助線が引ける、ということです。なのでレベル３以降も**「よく使う図形パターン」**や**「よく出てくる頭の使い方」**等に注目して読んでいってもらいたいと思います！

コラム２

1分間ごとに倍になる細菌をビンに入れてフタをすると、20分後に満杯になります。
みっちり…

さて、最初にこの菌を倍の「2個」入れると…満杯になるのは何分後でしょうか？
あーれー

じゅ…
10分後

違う!!
だって倍でしょ!?
えええええええええ

安心して下さい
マスクはきちんと着用しております。

ゴホンゲの、のほほん気　ＰＡＲＴ２

ＬＥＶＥＬ２お疲れ様でした！　では是非息抜きの２Ｐを楽しんでください！　ということで今回の作品ですが……これを読んで**「えっ、答え10分じゃないの？」**なんて主人公と同じように思った人はいませんよね!?（笑）あっでも安心してください、もしそう答えてしまったとしてもこの問題を「10分」と答えてしまうのは、まさに**「算数あるある」**だと思います（本当はそれではいけないのですが……）。

ちなみに答えは「19分後」ですね。なぜなら倍の２匹というのは１匹から始めた場合の「１分後の状態」なので、１匹の時と比べて１分だけ進んでいる状態だと考えればいいからです。

この問題を読み上げている先生風の青年がわざわざ「倍の」って言ってるのがポイントだと思います。「倍の」なんてつけなくても「最初にこの菌を２個入れると」って言っても普通に通じるわけです。それをわざわざ「最初にこの菌を倍の２個入れると」と言ってるので、それを**「生かせばいいんだ」**と考えて（でもどう生かせばいいのかをていねいに考えずになんとなく菌が２倍だから時間は半分か！　と考えてしまって）10分と答えてしまうと**「ハハハ、ひっかかったな！」**とこの先生風の青年に笑われてしまうわけですね(^^)/

「条件を生かす」ことの大事さは、この本でも何度も何度も指摘していますが、正しく理屈と結びついていないとダメだ、ということを決して忘れないでください！

それにしてもこの細菌……よく見ると毛が５本だ！　これじゃ**「五本毛眼鏡が眼鏡をとったら、細菌みたいなやつなんだ！」**と思われてしまうじゃないですか！

………いや、実は細菌みたいなヤツです。背が低いもんで（苦笑）16■cm しかないからなあ……

⇩ここから「レベル３」もとい毛３本★★★（笑）

問題 23（問題 23 〜 24 は大妻中野アドバンスト）

図の正方形ABCDにおいて、辺AD上の点Eに対して、BEを折り目として折ったとき、点Aのくる位置が点Fです。角Xの大きさは□度です。

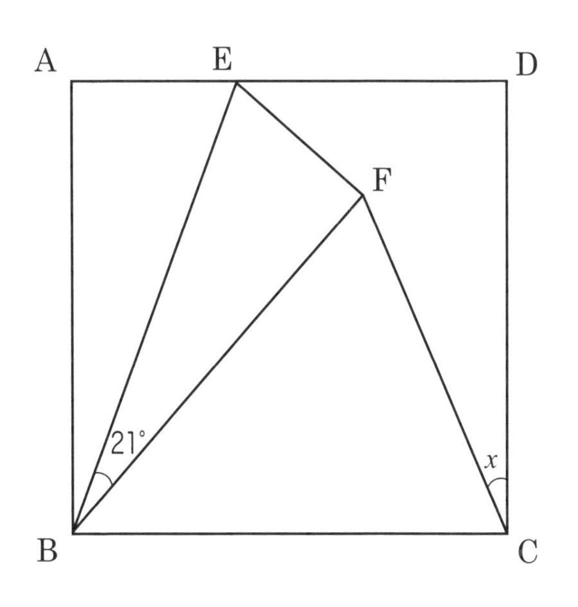

「ゴホングの、ヒゲも濃いけどもっと濃い解説 その23」

問題はよく読みましょう（条件を生かすため）、というのはこれまでにも言ってきていることですが、この問題はまさにその通りです。何か特別なことでも書いてあったっけ？ と思った人は、お笑いの2019M－1チャンピオンの「ミルクボーイ」ってコンビ名くらい「甘い！」って指摘されてしまうかもしれません（笑）。

「正方形」というのが実は大きなポイントなのです。どういうことかというと、この図形が「長方形」だとこの問題は解けないからです。

つまり、辺ＡＢと辺ＢＣが等しいので、辺ABを折っているのでAB＝BFですから、折った時に出来ている三角形BFCは**二等辺三角形**なのです。**「二等辺三角形に注目するというのは角度の問題ではもっともよく使う頭の使い方」**というのは問題13の解説で書いたのですが、むやみやたらに補助線を引かずに（少ないヒントで問題が解ける）「二等辺三角形」というカギにちゃんと着目してこの問題では答えまで近づいていってもらいたいのです。

その問題13の解説では、「等しい辺がたくさんあるから二等辺三角形が隠れていそうだな」というふうに意識すればいい、ということを書きました。この問題では「正方形」というヒントから同じように意識をしてもらいたい、ということです。ただ意識するだけでは二等辺三角形の存在に気づけないかもしれないので、補足板書図１に書きましたが、**「同じ長さの辺を目立つように濃く塗る」**とその存在に気づきやすくなるかもしれません。

あとは折っているので、問題５でよくある頭の使い方だと書いた**「角度が同じになる部分に注目していく」**ことも大事です。この問題では角ABEと角EBFが等しくどちらも21度とわかるので、角FBC＝90°－21×2＝48°で、角FCBが二等辺三角形を利用して（180－48）÷2＝66°なので、Xは90－66＝**24度（答）**となるのです。

問題23 補足板書

図1「二等辺三角形を見つけやすくする」

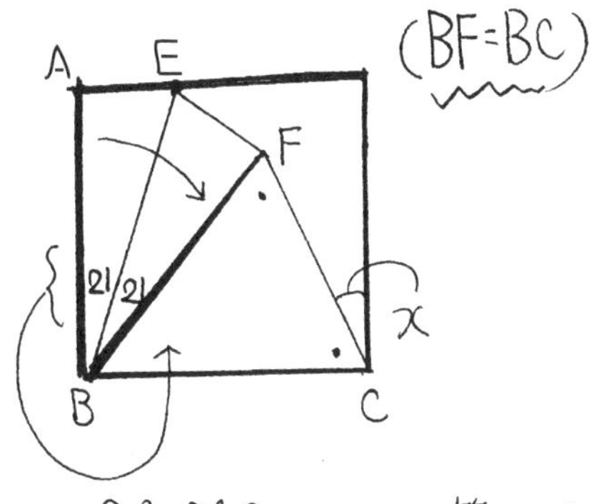

$90°-21°\times2$
$=48°$とわかる

⇨ ●は等しいので、
$(180-48)\div2$
$=66°$で出る

⇨ $x=$
$90-66$
$=24°$
(答)

問題 24

図において、角Xの大きさは□度です。

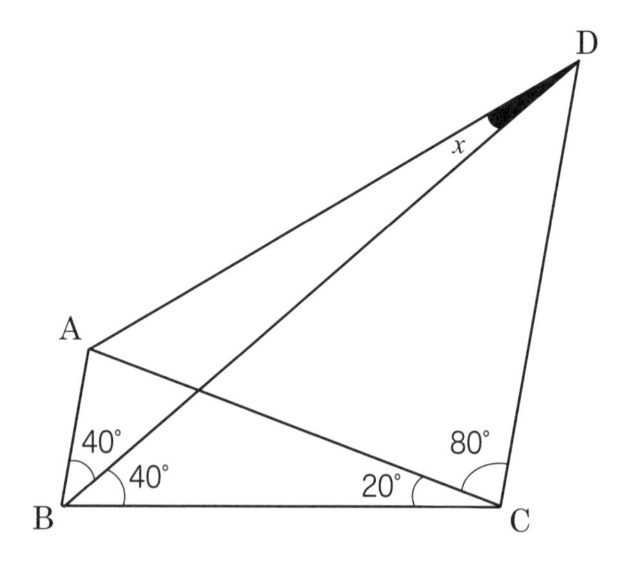

「ゴホンゲの、ヒゲも濃いけどもっと濃い解説 その24」

問題をよく読めと言っても、ヒントらしいことほとんど書いてない……という嘆きの聞こえて来そうな問題です（苦笑）そうすると問題の図からヒントを得ていくしかない、ということになります。

ここであれこれ補助線を引く前に、「書いてないけど角度のわかる部分」がありますよね。そういうところをまず埋めてもらいたいです。サッカーに例えると「パスを回しながら攻撃の糸口を探す」感じに近いと思います。

「補足板書」図1に書きましたが、例えば、角CABは三角形ABCを使って、180－（20＋80）＝80°とわかります。すると角ABCも80°ですから、三角形CABは**「二等辺三角形」**なのです（CB＝CA）。ほら、攻撃の糸口になりそうなヒントが見つかりましたね（最近「からの」という言い方が流行っていますが、求角の問題ではまさに**「二等辺三角形からの」**攻めがポイントになることが多いです。前に書いたように、3つの角度のうち1つわかるだけで残りの2つともわかってしまうので、少ないヒントで問題を解くことにつながるからです）。

で、さらに三角形CDBに目を向けると角BDCは180－（100＋40）＝40°なのです。すると、角DBCも40°だから三角形CDBも**「二等辺三角形」**なのです！（CD＝CB）

そしてここからが大事なのですが（これでもまだヒントは足りな

いので→三角形DABを使ってXを出すには角DACがわかるとそれを使って解ける)、問題13等の解説で書いたように、これで等しい長さの辺がたくさん見つかってきたから「さらに**二等辺三角形が隠れていないかな？**」**という頭の使い方もしてもらいたい**のです。そのためには、問題23の解説で書いたように、**「同じ長さの辺を目立つように濃く塗る」**ことも是非やってみてもらいたいです。

「補足板書」図2に書きましたが、こうやって考えていくと（CB＝CA、CB＝CD）CAとCDも等しいので**三角形CADも二等辺三角形なのです！** これで角DACが（180－80）÷2＝50°と求められるので、ここで三角形DABにあらためて注目すると、角DAB＝50°＋80°＝130°なので、X＝180－（40＋130）＝**10度（答）**と答えに行き着くのです！

問題 24 補足板書

図1「糸口探し」

A → 180° − (20 + 80) = 80°

B　20°　C

40°×2=80°

等しい

D

180 − (100+40)

= 40°

40°

B　C

80°+20°=100°

等しい

180° − (130+40°)

= 10°(答)

(180−80) ÷ 2 = 50°

D

A

80°

40°

80°

C

図2

問題 25（青山学院中等部）

図の三角形 ABC は、正方形の折り紙を対角線で半分に切ったものです。これを図のように折ったとき、㋐の角度は□度です。

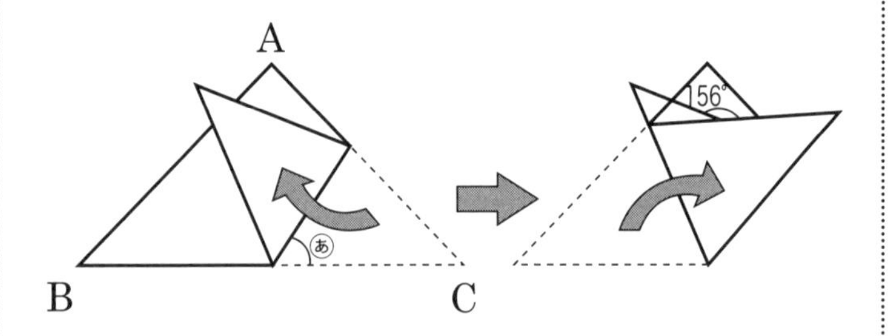

「ゴホンゲの、ヒゲも濃いけどもっと濃い解説 その25」

「補足板書」図1をご覧ください！ この問題右の図は、左側の部分を折る前のイメージが点線で書かれていますが、右側の部分は折る前のイメージが点線で描かれていないですよね？

左側の部分については点線のイメージを利用して、例えば「この角とこの角は同じだから同じ記号＝✕で表そう」とか「こっちの角とこっちの角は同じ角だから同じ記号＝㋐で表そう」とか書き込んで考えやすいわけです。ちなみに**「同じ角度とわかっているものを同じ記号で表す」**ことの大事さは、問題14の解説で書きました。こうすることで**問題を解く流れに乗りやすくなります。**

あとは問題24の解説にも書きましたが、あらかじめ角度のわかる部分、しっかり書きこんでいきましょう。正方形の折り紙を半分に折っているので、ああここは90°とか、ああここは45°とかわかるはずです。

上記のようなことをちゃんとした上で、さらに考えていくと右側の部分についても「補足板書」図2に書きましたように、**元々折る前はこうだったんだよ！ってイメージを点線で書いて**あげた方が一般的には考えやすくなることが多くなります！ こういった点線を補足して**問題を解く流れに乗りやすく**してください（ただしこの問題では左側から攻めていくので、結局点線の補足がなくても大丈夫ではありますが……）。こういった作業をした上でさきほど「補足板書の図1」で△で表したところに注目すると、△＋㋐×2が180°にあたるとイメージしやすくなるわけです！

結局、「補足板書図2」を元に説明していくと、上の小さい**「スリッパ」（よく使う図形パターンその2）**を使って180－156＝24、24＋45＝●より●＝69°→180－（69＋45）＝66°＝△→△＋㋐×2＝180°より、(180－66)÷2＝**57度（答）**と答えに行き着くことが出来ます！

問題25 補足板書

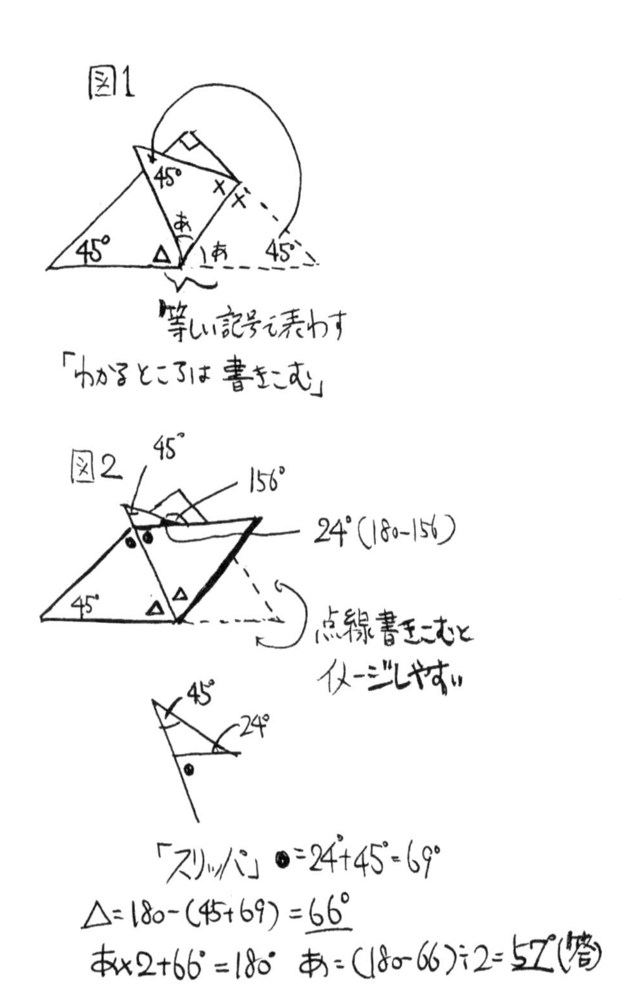
図1
45°
あ
45°
△
1あ
45°
等しい記号で表わす
「わかるところは書きこむ」
図2
45°
156°
24°(180−156)
45°
点線書きこむと
イメージしやすい
45°
24°
「スリッパ」●=24°+45°=69°
△=180−(45+69)=66°
あ×2+66°=180° あ=(180−66)÷2=57°(答)

問題 26（（1）武蔵野女子学院　（2）豊島岡）

（1）図において、同じ印がついている角は、大きさが等しいことを表しています。このとき、角Xの大きさは何度ですか。

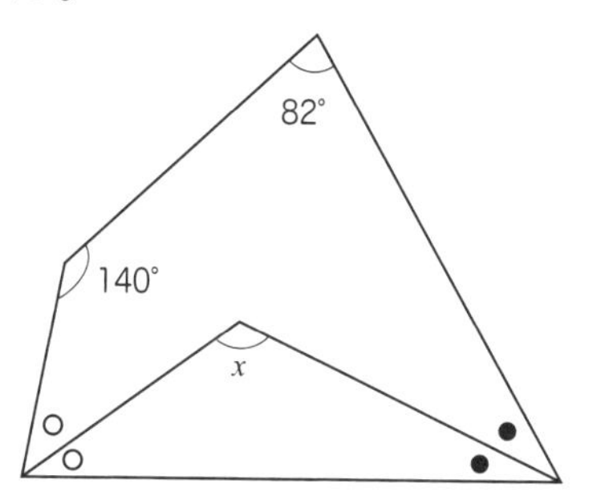

（2）下の図の四角形 ABCD において、AB ＝ BD ＝ BC、角 ABD の大きさは角 DBC の大きさの２倍です。角 ADC の大きさが 144° であるとき、角 DBC の大きさは何度ですか。

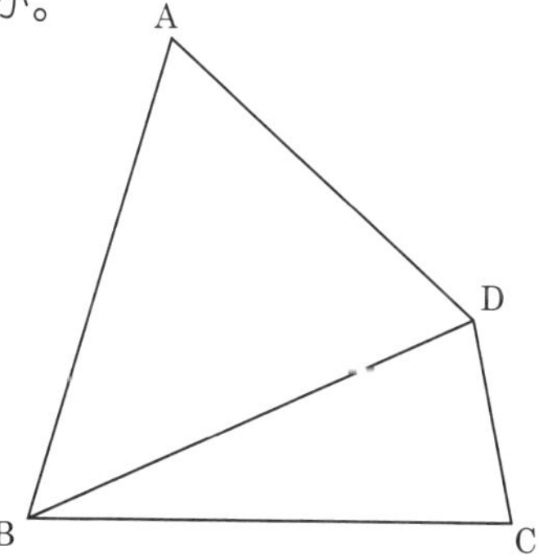

「ゴホンゲの、ヒゲも濃いけどもっと濃い解説 その26」

「角度だったり、長さだったりをそれぞれはわからないけど、**和や差がわかることに注目する頭の使い方もちょくちょく出てきます**」ということを問題18の解説で書きました。そういった視点があることを理解できていると、この問題を見た時に「それぞれの角度はわからなくても大丈夫なんだ！」というふうに気持ちを落ち着かせられると思うので、あわてて意味のない補助線を引いて解けなくなってしまう、ということもないと思います。

「補足板書」図1に書きましたが、(1) の方は○2つや、●2つは四角形の内角にあたります。なので四角形の内角360°を生かして、○2つと●2つの合計は360－（82＋140）＝138°、つまり●＋○＝138÷2＝69°と持っていけばいいです。

そしてXは三角形の内角にあたります。なので、三角形の内角180°を生かすと、180度から○と●をひきますが、**「それぞれはわからないけど合計は69°なので」**(1) は180°から69°をひいて、180－69＝**111°（答）**となるのです！

これに対して (2) は「補足板書」図2に書きましたが、問題14や問題25と同様に、**「同じ角度とわかっているものを同じ記号で表す」**ことをまずはきちんとやってもらいたいです。角BADと角BDAを同じ記号で表し（「補足板書」では●で書きました)、また角BDCと角BCDを同じ記号で表すわけです（「補足板書」では○で書きました)。

すると、角ADCの角度144°は●＋○にあたるので、四角形ABCDの4つの角のうち、角A＋角D＋角Cの合計が（●＋○）×2＝288°にあたるとわかるのです。ここまで持って来れると、角DBC＝①とおけて角ABD＝②とおけるわけですが、拙著『中学受験算数思考のルール』にも書いていますが、この手の問題はあとは「まるいくつ＝いくら」にあたるかがわかれば解けるので、そういった**流れへの乗せ方**がきちんとわかっていると、この場合は四角形の内角の合計360°から288°をひいた**72°が②＋①＝③にあたる**と持って行けるはずなので、角DBC＝①は72°÷3＝**24度（答）**となるわけです。

問題 26 補足板書

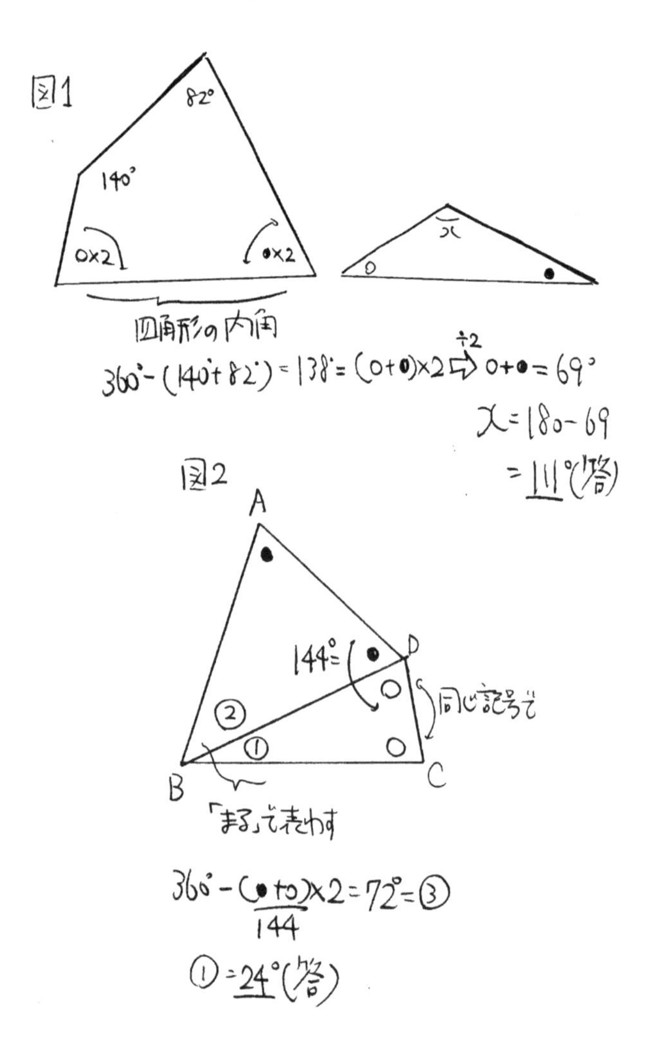

図1
82°
140°
○×2
●×2
x
四角形の内角
360°−(140°+82°)=138°=(○+●)×2 ⇨ ○+●=69°
÷2
x=180−69
=111°(答)
図2
A
D
B
C
144°=
同じ記号で
②
①
「まる」で表わす
360°−(●+○)×2=72°=③
144
①=24°(答)

問題 27（(1) 東京農大一中　(2) 女子学院）

（1）図は、長方形と半円を組み合わせたものです。斜線部分の面積を求めなさい。ただし、円周率は 3.14 とします。

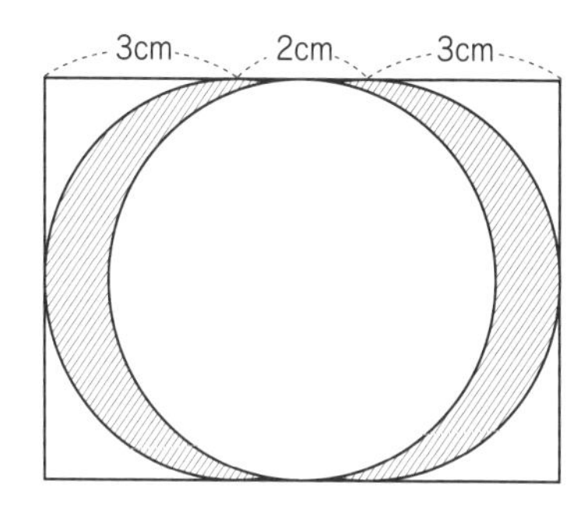

（2）図の円の半径は 4 ㎝で、円周を 12 等分する点をとりました。影をつけた部分の面積は□㎠です。ただし、円周率は 3.14 とします。

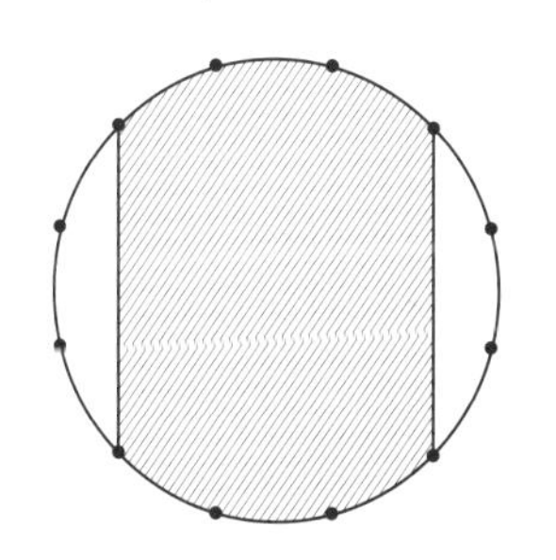

「ゴホンゲの、ヒゲも濃いけどもっと濃い解説 その27」

問題7や16あたりで、**「おうぎ形の部分はきちんと半径の線で区切って考える」といいということを**書きましたが、(1) は「補足板書」(図1) にあるように、外側の半円2つの**直径をきちんと書き込んでしまうといい**です。

そうすることで、この図形が半円2つに2×6（6㎝は円の直径＝長方形のたての長さ）の長方形を足した図形から中の直径6㎝の円をひいた形とイメージがはっきりします。そして直径6㎝の半円×2＋長方形（2×6）から直径6㎝の円をひくと、長方形の部分だけ残るので結局は2×6＝**12㎠(答)**ということになるわけです。

（2）は「補足板書」(図2) にあるように、斜線部のうち**弧の部分を半径で区切ってしまうことで、おうぎ形の部分と三角形の部分に分けることが出来ます**。そしてそのことと、問題文の「円周を12等分」というのが結びついていくと、360 ÷ 12 ＝ 30° つまり12等分の一つ分は30° なので、おうぎ形の中心角は30° × 3 ＝ 90°、そして三角形も30° × 3 ＝ 90° を持っている直角三角形しかも2辺が半径と等しいので直角二等辺三角形とわかり、面積が求められそうだと見通しが立つわけです。やはり**問題文をしっかり読んで条件を生かすことは大事**です。

結局、$4 \times 4 \times 3.14 \times \frac{1}{4} \times 2$ 個 ＋ $4 \times 4 \div 2 \times 2$ 個 ＝ **41.12㎠（答）** となります！

問題 27 補足板書

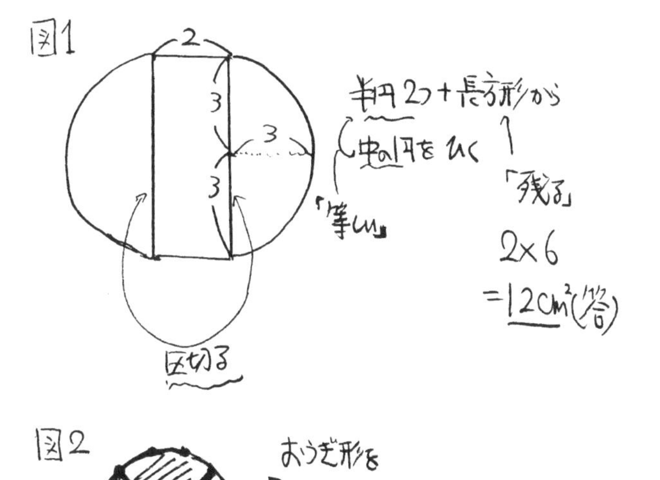

図2

おうぎ形を
「半径で
区切る」

$$4\times4\times3.14\times\frac{1}{4}\times2\text{個}$$
$$+4\times4\times\frac{1}{2}\times2\text{個}$$
$$=41.12\text{cm}^2\text{(答)}$$

問題 28（品川女子学院）

下の図の平行四辺形 ABCD で、辺 BC のまん中の点を E、辺 CD を３：２に分ける点を F とします。また、対角線 BD と AE、AF が交わる点をそれぞれ G、H とします。

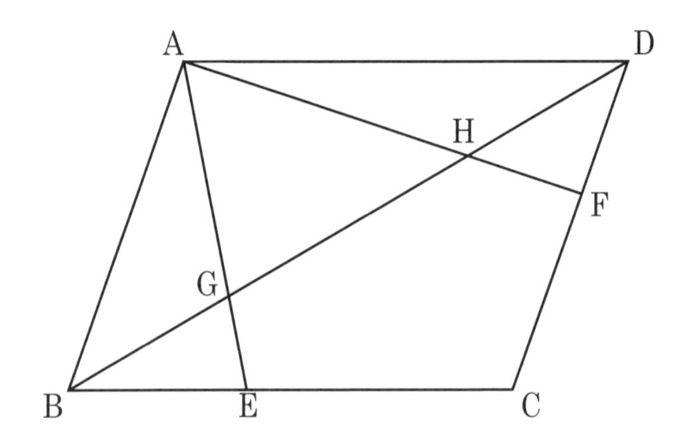

（1）BH：HD をもっとも簡単な整数の比で答えなさい。

（2）BG：GD をもっとも簡単な整数の比で答えなさい。

（3）三角形 AGH の面積は平行四辺形 ABCD の面積の何倍ですか。

「ゴホングの、ヒゲも濃いけどもっと濃い解説 その28」

問題20で**「よく使う図形パターンその6」に認定した**相似な2つの三角形のセットのうち、**「8の字形」＝リボンの方が隠れていることを見抜ければ**、余計な補助線を引かずに答えにスピーディーにたどり着くことが出来ると思います。

ただ、そのためにはよく出てくる頭の使い方として何回か紹介した**「向きを変えて考えてみる」**ということもやはり必要だと思います。「補足板書」図1に書きましたが「平行四辺形は2組の辺が平行」なので、8の字の向きが縦向きの奴も横向きのやつも出現することが可能なのです！ 三角形ADGと三角形EBGの相似は気づいても、三角形ABHと三角形FDHの相似は気づかなかった……という人はいませんか？

(1) はBH：HDを求めるので、Hがリボンの結び目になっている三角形ABHと三角形FDHの相似を使って解きます。「補足板書」図2に書きましたが、BH：HDは2つの三角形の相似比を見ればいいわけですが、AB：DFがその相似比にあたるわけです。なので**5：2（答）**です。

(2) はBG：GDを求めるので、Gがリボンの結び目になっている三角形BEGと三角形DAGの相似を使って解きます。「補足板書」図3に書きましたが、BG：GDは2つの三角形の相似比を見ればいいわけですが、BE：DAがその相似比にあたるわけです。なので**1：2（答）**です。

(3) は問題20同様、**前の小問でわかったことを使って解いていく**といいわけです。これも**よく使う頭の使い方**ですね。「補足板書」図4に書きましたが、BG：GD＝1：2とBH：HD＝5：2のBDの長さを1＋2＝3と5＋2＝7の最小公倍数に揃えて考えると、BG：GD＝7：14、BH：HD＝15：6より、BG：GH：HD＝7：8：6と求められます。これを使って三角形ABG：三角形AGH：三角形AHD＝7：8：6と求められるので（**よく使う図形パターンその7の高さの等しい三角形**ですね）三角形AGHは平行四辺形をまず半分にした三角形ABDを元にするとその8÷(7＋8＋6)＝$\frac{8}{21}$にあたるので、結局元の平行四辺形の$\frac{1}{2}\times\frac{8}{21}=\frac{4}{21}$（答）となるのです！

問題28 補足板書

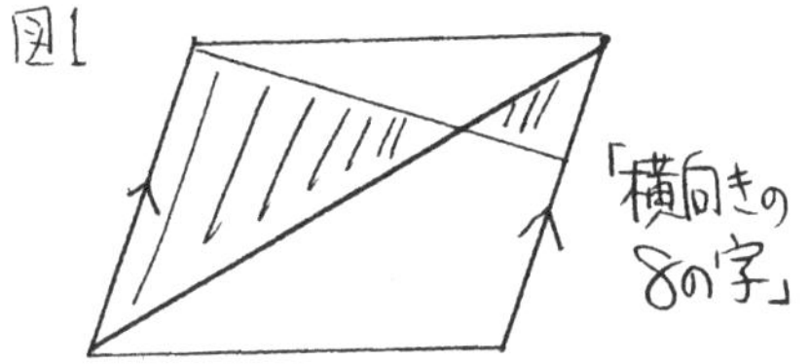

図1

「横向きの
8の字」

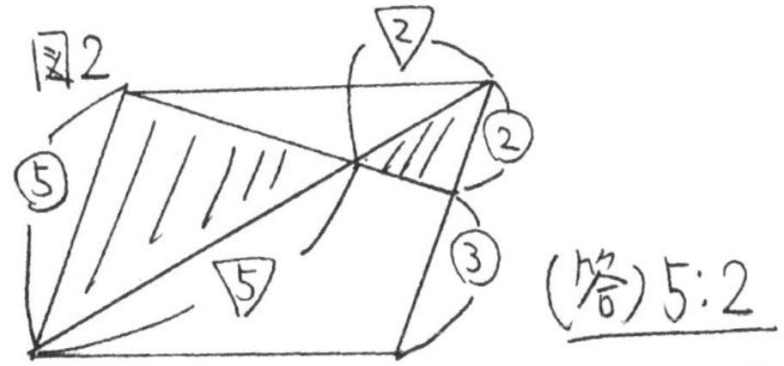

図2

(答) 5:2

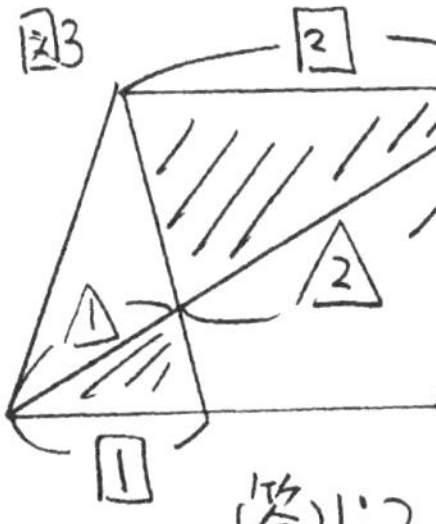

図3

(答) 1:2

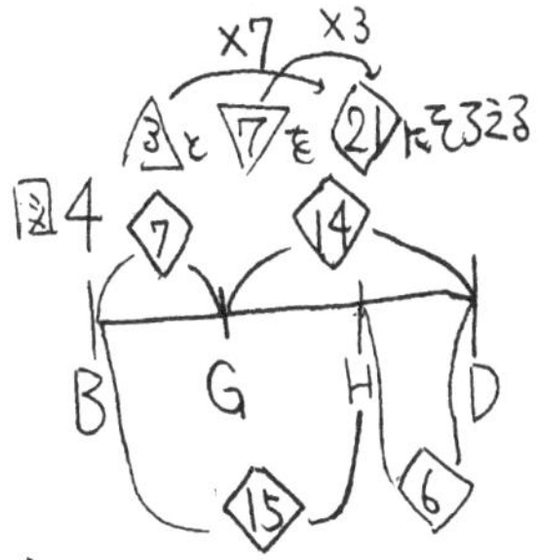

×7　×3

3と7を21にそろえる

図4

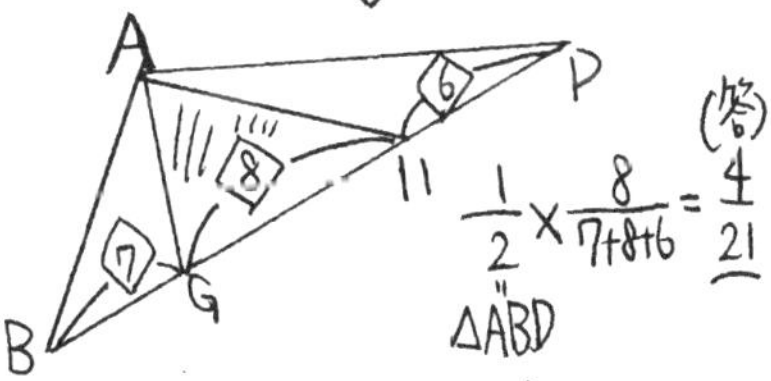

$\frac{1}{2} \times \frac{8}{7+8+6} = \frac{4}{21}$ (答)

‖
△ABD

問題 29（フェリス）

四角形 ABCD の対角線が図のように、交わっています。四角形 ABCD の面積は何㎠ですか。

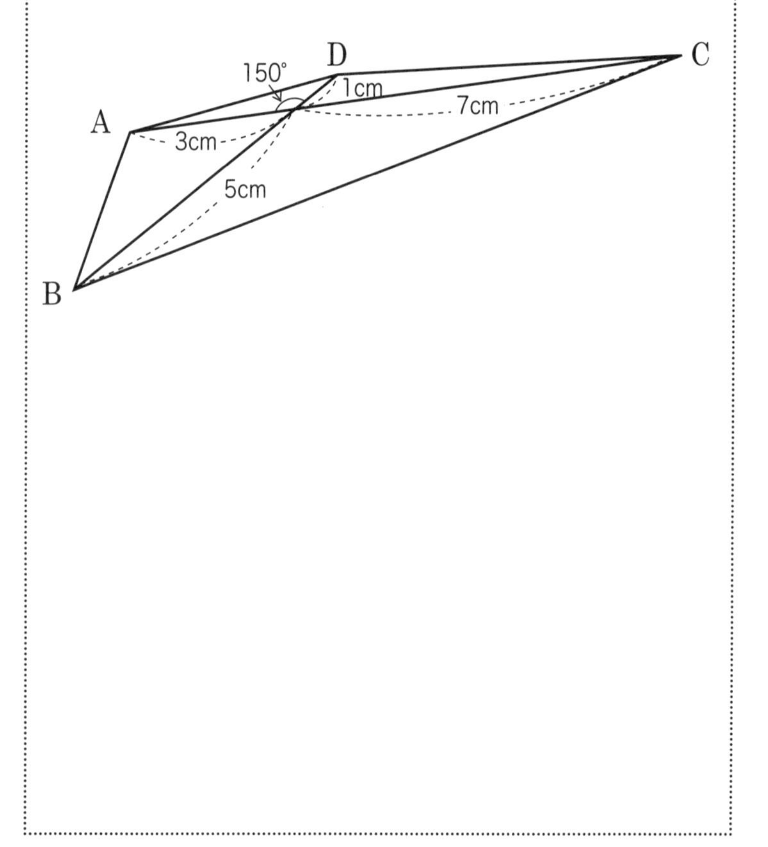

「ゴホンゲの、ヒゲも濃いけどもっと濃い解説 その29」

1つ目のポイントは、三角形ADCの高さがわかる、ということです。なぜかわかりますか？ 3＋7＝10㎝のACを底辺と考えた時に、DからACに向かって**高さの線にあたる直線を引きます**。当然、その直線はACとは垂直です。

すると「補足板書」図1のように、今引いた線を使って**よく使う図形パターン1**（問題1で登場しました）の「正三角形の半分の形」が図形の中に出現しているのがおわかりでしょうか？

これに気づくためには**「150°の逆側が30°」**であるというふうに頭に入れておくといいと思います。つまり150°出現→逆側が30°→**高さの線を引くと正三角形の形が現れる**、という感じでパスをつないでいくといいわけです。そうすると150°を見た時に、高さの線を引けば正三角形の形を使って高さが出せる！ と見通しが立つわけです。

つまり三角形DACの面積は高さが1㎝の半分の0.5㎝なので、10×0.5÷2＝2.5㎠なのです。もっともここで喜んではいけません、三角形BACの方の面積はどうなっているでしょうか？ そちら側には30°や150°のヒントはありません。

ここで**「よく使う図形パターン7」**＝高さの等しい三角形（問題21で登場）に気づけるとOKです。つまり、高さが等しい三角形を利用してDBを底辺と見ると底辺の比と面積比が同じで下側の三角形は上側の三角形の面積の5倍です（「補足板書」図2をご覧ください）。すると、三角形ABCは三角形ADCの5倍にあたるので、全体の面積は2.5㎠（三角形DAC）＋2.5㎠×5（三角形BAC）＝**15㎠（答）**となるわけです。**図形同士の面積比がわかる時、ある部分の面積がわかれば他の部分の面積もわかりますよね**。比を使いこなすことにより、そういった頭の使い方をして面積の求め方も出てくることをしっかり頭に入れておきましょう！

問題29 補足板書

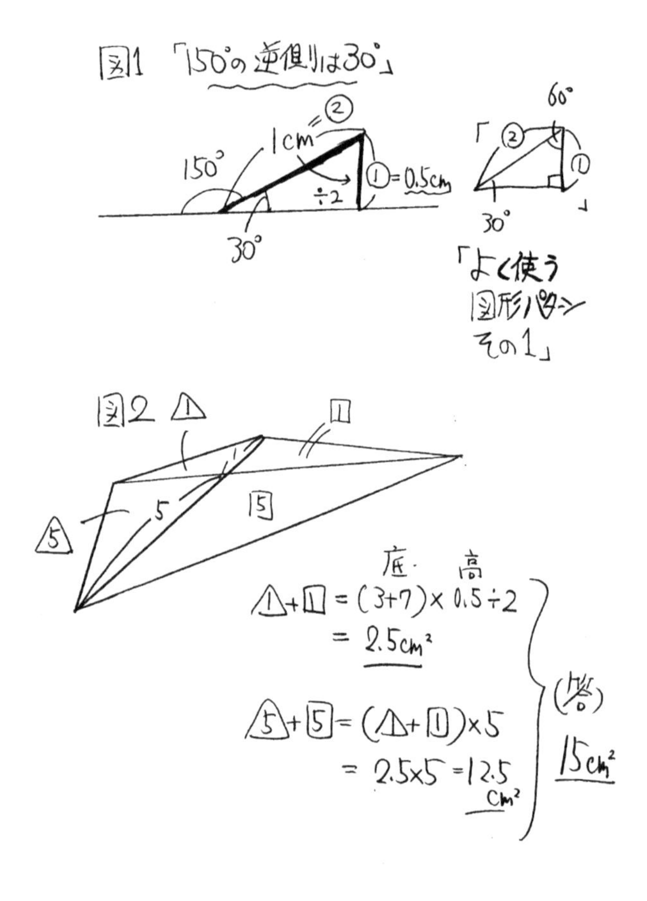

図1 「150°の逆側は30°」
② 1cm 150° 30° ÷2 ①=0.5cm
60° ② ① 30°
「よく使う
図形パターン
その1」
図2 △1 □1 5 △5 □5
底 高
△1+□1=(3+7)×0.5÷2
=2.5cm²
△5+□5=(△1+□1)×5
=2.5×5=12.5cm²
(答)
15cm²

問題 30（中大附）

図の斜線部分の面積は何㎠ですか。

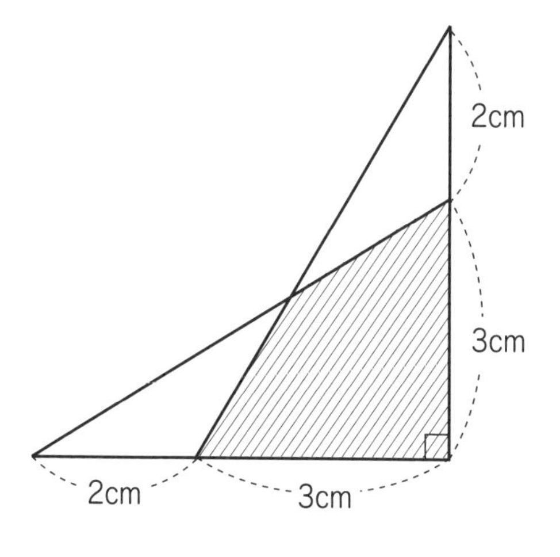

レベル1
レベル2
レベル3
レベル4
レベル5

「ゴホンゲの、ヒゲも濃いけどもっと濃い解説 その30」

結論を言うと、「補足板書」**図１のような補助線を引いてもらいたい**です。どうすればこのような補助線を思いつくのか……これまで書いた中に色々ヒントがあると思います。このままでは面積が求めづらいので問題６でも出て来たような「２つの三角形に分ける」考え方を使ってみよう……あるいは、問題21でも出て来たような**「天井から床に向かって線を引くイメージで高さが等しい三角形を作ろう！」（よく使う図形パターン７を出現させる）**というような感じで、勘とかひらめきに頼らずきちんと理由があってこの線が引けるようになっていってもらいたいです。しかも、「補足板書」図１に書いたように、底辺比が２：３とわかっているので、高さが等しい三角形を作ることによって面積比が②：③とわかるわけです！こうやって答えに近づいていくわけです。さて、この後どう続いていくかわかりますか？

「補足板書」図２で言うと、エ：ウ＝②：③なわけですが、ア：イも面積比は２：３なわけです。ただ、例えばイとウの関係は果たしてどうなっているのかわかりますか？

この問題では実は「合同」をうまく利用出来ると簡単に事が運びます。つまり、ア＋イ＋ウとイ＋ウ＋エの三角形同士が合同なわけですが、二つを比べると**ア＝エが分かる**わけです！（問題11ではＡ＝ＢからＡ＋Ｃ＝Ｂ＋Ｃと持っていきましたね！ こういう考え方はやはりよく使う頭の使い方と言えると思います）。

つまり、エ＝②とおいたわけですが、アも同じ記号を使って②とおけるわけです。（イは勿論③とおけます。）このことから、あとはイ＋ウ＋エ＝③＋③＋②＝⑧＝7.5㎠（5×3÷2）とすると、斜線部は⑥にあたりますから、7.5÷8×6＝**5.625㎠（答）**と求められるのです！

なお、「補足板書」図3の方に別の補助線での別解をあげておきます。この「濃い解説」で詳しい解説をすることはしませんが、**「よく使う図形パターン8（問題21初登場）＝たけのこの里」が実はこの図の中に隠れていて**、その条件を生かすための線（よく使う図形パターン8を利用できるように持ち込む）だということを理解してもらえれば嬉しいです。補助線はやみくもに引くべきではやはりないのです。

問題30 補足板書

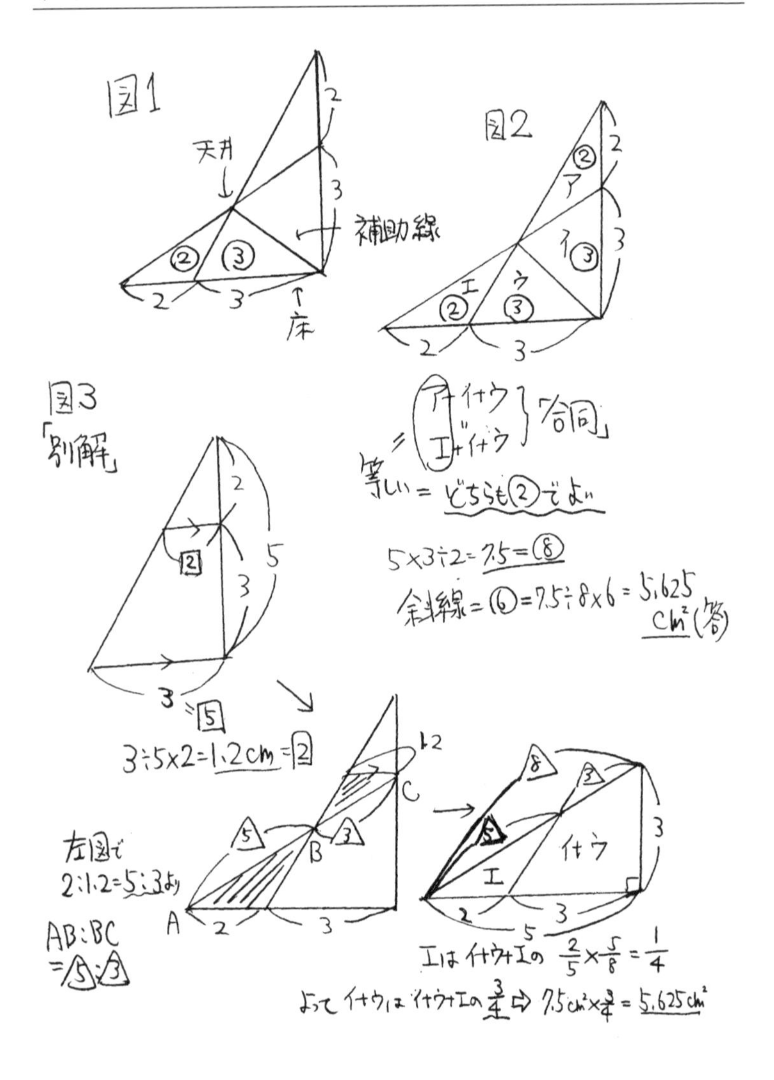

図1
天井
補助線
床
図2
ア
イ
ウ
エ
図3
「別解」
ア+イ+ウ
エ+イ+ウ
「合同」
等しい＝どちらも②でよい
5×3÷2=7.5=⑧
斜線=⑥=7.5÷8×6=5.625
cm²(答)
3÷5×2=1.2cm=2
左図で
2:1.2=5:3より
AB:BC
=5:3
A
B
C
エはイ+ウ+エの 2/5×5/8=1/4
よってイ+ウはイ+ウ+エの3/4 ⇨ 7.5cm²×3/4=5.625cm²

問題 31 （問題 31 ～ 32 は桐光学園）

図は、辺 AD と辺 BC が平行である台形 ABCD です。線分 CE，CF で台形 ABCD の面積を三等分するとき、辺 AD の長さは□㎝です。

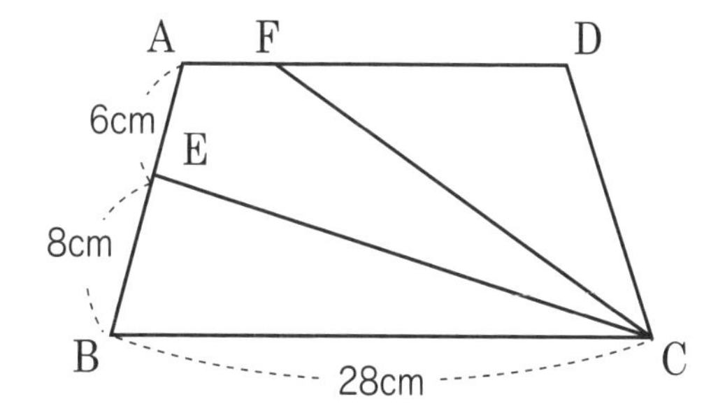

「ゴホンゲの、ヒゲも濃いけどもっと濃い解説 その31」

結論を言うと「補足板書」図1にあるように、**AとCを結ぶ補助線を引いてもらいたいです**。この直線は向きを変えて考えてみた時に、ABを底辺としてCを天井とする高さの等しい三角形を作る線だということです。AE：EB＝6㎝：8㎝＝3：4より、三角形CAE：三角形CEB＝③：④とおけるわけです。

これをとっかかりにして四角形CFAEも三角形EBC同様、④になるようにすればいいから、三角形CFAは④－③＝①でいいということになり、すると今度は三角形CFDも④にあたればよいとなった時に、三角形CFAと三角形CFDは**（底辺をFAやFDにすると）**高さが等しい三角形になるわけです。そうです、**よく使う図形パターンその7**です！ すると今度は面積比から底辺比を決められて、FA：FD＝1：4と持っていけるわけです！

そして実はAとCを結ぶ直線を引いたことで、台形が2つの高さの等しい図形に分けられていて（台形を対角線で2つの三角形に分けた時に、面積比は底辺比に一致するわけです）三角形ABCと三角形CADの面積比が③＋④：①＋④＝⑦：⑤より、BC：ADも7：5ということになって、28÷7×5＝**20㎝（答）**となるわけです。

問題31 補足板書

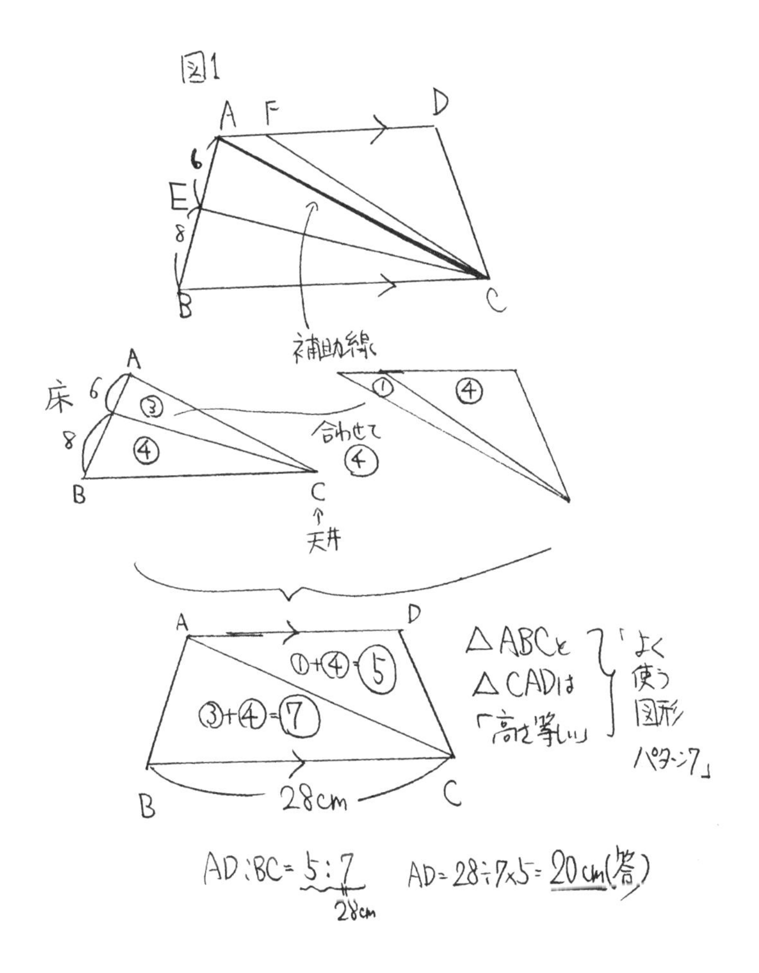

図1
A
F
D
6
E
8
B
C
補助線
A
床
6
③
8
④
B
C
↑
天井
①
④
合わせて
④
A
D
①+④=⑤
③+④=⑦
B
28cm
C
△ABCと
△CADは
「高さ等しい」
「よく
使う
図形
パターン」
AD:BC=5:7
28cm
AD=28÷7×5=20cm(答)

問題 32

図の長方形 ABCD で、FG：GC ＝□：□です。

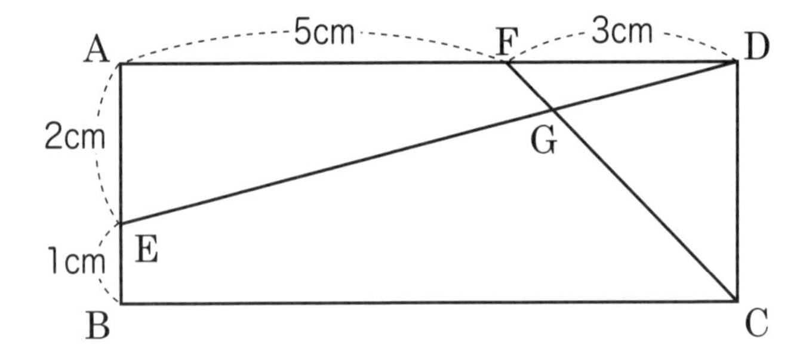

「ゴホンゲの、ヒゲも濃いけどもっと濃い解説 その32」

以下は問題22の解説で補助線の働きについて書いたことです。つまり線を引くことにより、何か新しい今まで誰もやったことのない解き方で解くようにする……ということではなくて、自分の知ってるやり方に持ち込んで解くために線を引くようにするわけです。

この問題32で引いてもらいたい線はまさにそういう線です。元々の条件は生かした上で、「補足板書」図1のように線を足すことにより、**「よく使う図形パターン6」に認定した1組の相似な三角形＝8の字形（リボン）の方を出現させる**、ということです。

ここでのポイントはこの線を足すことにより、「8の字が2つ出来てる」ということです。つまり相似比が2：1の直角三角形同士の8の字がまず1組できますが、これにより線を足して作った直角三角形の底辺がADの8㎝＝②と考えて、①を求めればよいので4㎝とわかります（「補足板書」図2ご参照）。

すると、もう一つ出来ている8の字（Gが結び目のリボン→これを元にFG:GCを求める）の相似比がこれにより、3：4＋8＝1：4とわかるのです！ このように情報がきれいにつながっていよいよあとはシュートを決めればいいところまで来るわけです（笑）。FG:GCは相似比を答えればよいので、**1：4（答）**となるわけです。

問題32 補足板書

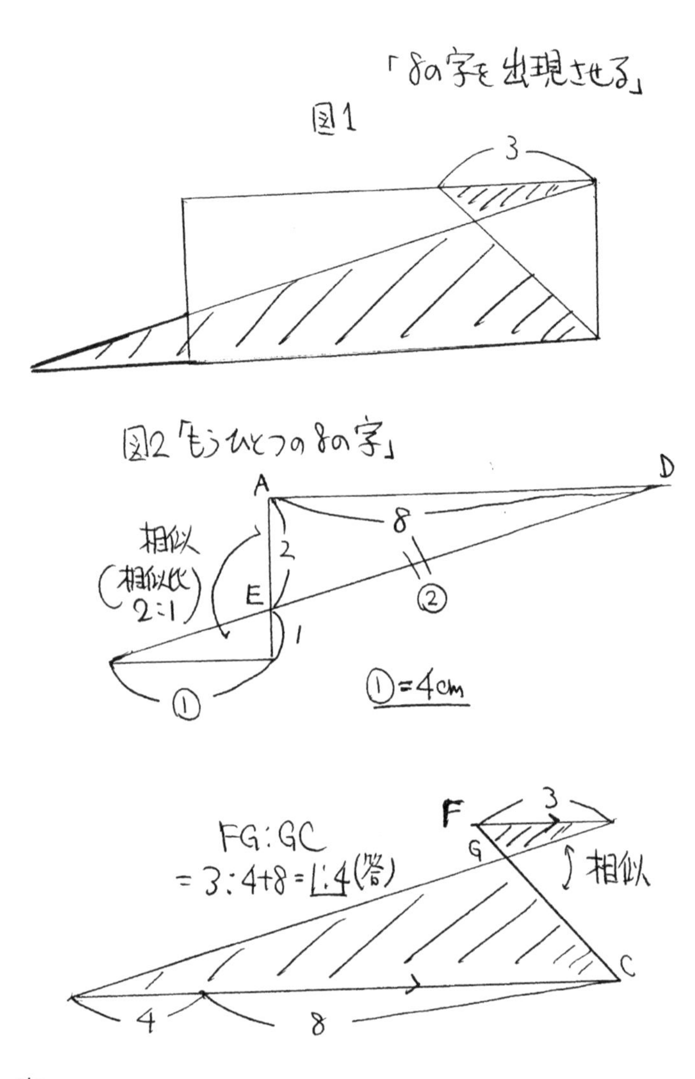

「8の字を出現させる」
図1
3
図2「もうひとつの8の字」
A
D
8
2
E
相似
(相似比
2:1)
1
②
①
①=4cm
F
3
G
FG:GC
=3:4+8=1:4(答)
相似
C
4
8

問題 33 （鎌倉学園）

図のように直角三角形 ABC があります。AH ＝ 6 ㎝、CH ＝ 4 ㎝であるとき、三角形 ABC の面積は□㎠です。

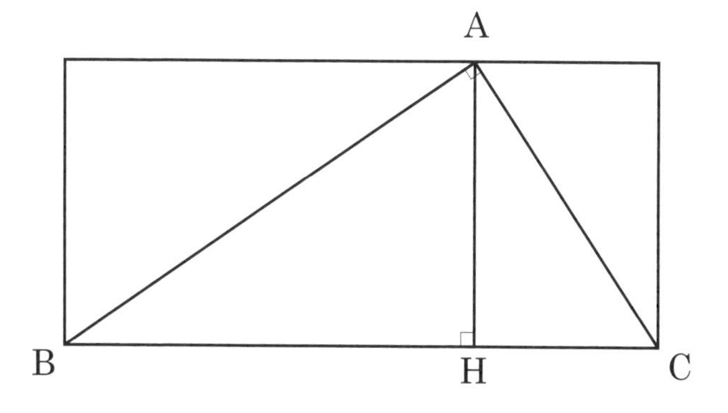

「ゴホンゲの、ヒゲも濃いけどもっと濃い解説 その33」

最近は相似を扱う問題について、よく使う図形パターンその6（「８の字」等）も相変わらず出題されていますが、この問題33で出てくるパターンが増えていると感じます。そこで**「よく使う図形パターン9」**に認定します。「よく使う図形パターン６」も相似ですが、パターン６は平行線が隠れていてどの角とどの角が同じなのかわかりやすいパターンなのです。でもこちらの図形パターン９＝直角三角形の直角の頂点から直角三角形の一番長い辺に向かって垂直に線を引いた形なのですが、(言葉で書くと長いので、**「補足板書」図１を目に焼き付けておきましょう（笑)**）パッと見てどの角とどの角が同じとわかるとは限らないので、問題14や問題25の解説で書いた**「同じ角度とわかっているものを同じ記号で表す」**ことが大事です。

例えば角ABHを●と表します。角BAHを▲と表します。すると●＋▲＝180 − 90 ＝ 90°ということになります。すると角BAC ＝ 90°なので、角BAHを▲と表すと角HACは●と表せるわけです。すると角HAC＋角ACH ＝ 90°だから角ACH ＝▲と表せるわけです。と文章で書いてもサンドウィッチマンのネタ風に書くと「ちょっと何言ってるかわからない」だと思うので（苦笑)、「補足板書」図２の方で確認してください。

こうすることにより、左と右の２つの三角形で３角が等しい＝相似なことが確認できるとともに、どの辺同士が対応している辺なのかが確認できます。左と右の三角形でAHとCHはどちらも▲と直

角を結んだ辺なので対応しているわけです。

この２辺を比べて、相似比が左と右で６：４＝３：２と求められると、面積比が３×３：２×２＝９：４と出ます。ここで確認しておきたいのですが、比を使って面積を求めていく時に方法は大きくわけて２つあると思います。

Ｉ，必要な部分の長さを求めて、（公式にあてはめて）長さを求める

II，各部分の面積比を求めて、ある部分の面積がわかれば他の部分の面積もわかる。

こういった頭の使い方がきちんと理解できていると、見通しが立てやすく不必要な補助線を引いてかえって迷うということも減ると思います。この問題の場合、Ｉの解き方なら、相似比左：右＝３：２より、BH：AH＝３：２なのでAHの６㎝より６÷２×３＝９㎝とBHを求めて（９＋４）×６÷２＝**39㎠（答）**となるでしょうし、IIの解き方なら、右側が６×４÷２＝12㎠で、左：右の相似比３：２より面積比は３×３：２×２＝９：４ですから、12㎠＝④で全体は④＋⑨＝⑬＝12÷４×13＝**39㎠（答）**と持っていくことも出来るのです。

問題33 補足板書

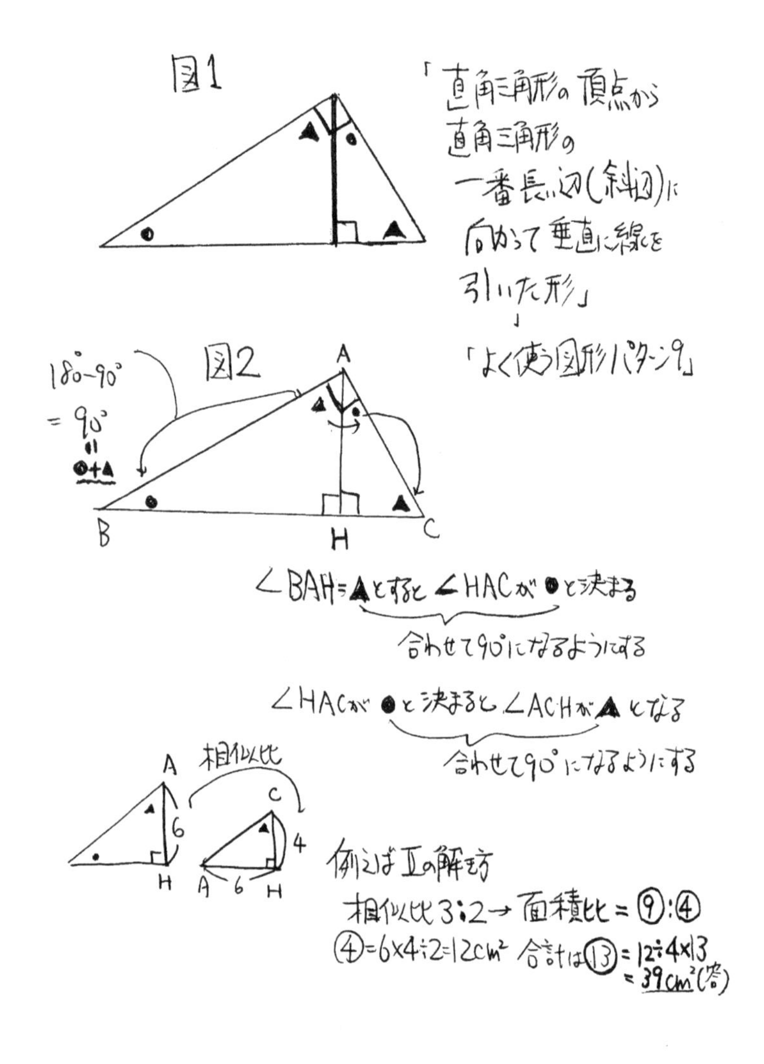

図1
「直角三角形の頂点から
直角三角形の
一番長い辺(斜辺)に
向かって垂直に線を
引いた形」
「よく使う図形パターン9」
図2
180°−90°
=90°
=
●+▲
A
B
H
C
∠BAH=▲とすると∠HACが●と決まる
合わせて90°になるようにする
∠HACが●と決まると∠ACHが▲となる
合わせて90°になるようにする
相似比
A
6
H
C
4
A
6
H
例えばIIの解き方
相似比3:2→面積比=⑨:④
④=6×4÷2=12cm²
合計は⑬=12÷4×13
=39cm²(答)

問題 34 （湘南白百合）

図は、１辺 16 ㎝の正方形 ABCD の頂点を辺 BC の真ん中の点 F に一致するように折ったものです。BE の長さが６㎝のとき、次の問いに答えなさい。

（1）IG の長さを求めなさい。

（2）四角形 EFIH の面積を求めなさい。

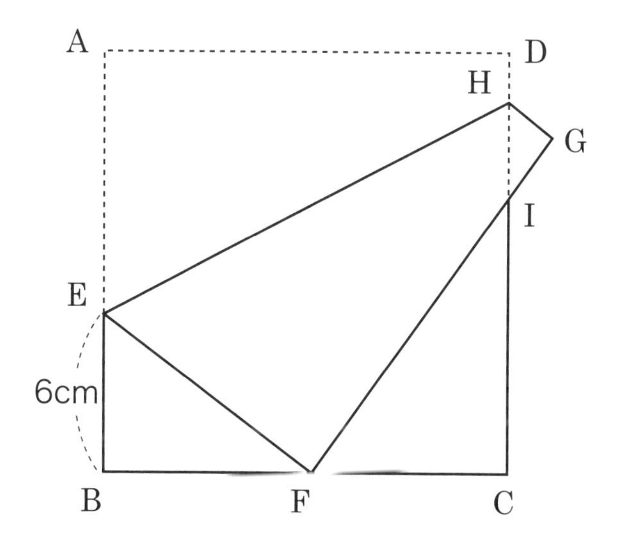

「ゴホンゲの、ヒゲも濃いけどもっと濃い解説 その34」

問題33同様に（問題14や問題25の解説で書いた）**「同じ角度とわかっているものを同じ記号で表す」**ことで問題を解く流れに乗せていきます。どこの角が●でどこの角が▲というのは、文章で書いても伝わらなくてやっぱり「ちょっと何言ってるかわからない」になってしまうと思うので（笑）「補足板書」図1でご確認ください。

同じ角同士●や▲を使って表してみると、三角形EBFと三角形FCIと三角形HGIが相似であることがわかり、それを利用して解いていけばいいので補助線は必要のない問題ということになります。**「同じ角度とわかっているものを同じ記号で表す」**ことで問題を解くカギが見つかって見通しが立つ、ということなのでこういった作業地味ですがきちんとこなしてもらいたいです。

このパターンですが、例によって「向きを変えて考えてみると」「補足板書」図2になりますが、●を目玉に見立てると、直角が「モチ」でそれがノドのところに来て、つまるかと思って目玉を大きく開けてビックリした！ 見たいな図に見えるので、自分は授業では「モチ」って呼んでいます（笑)。**正方形や長方形を折って直角が辺上に来た時に、結局このパターンになるのですが**、別に「モチ」じゃなくてもいいのですが（苦笑）何か愛称をつけて呼ぶと頭に入りやすいと思います(この「モチ」**よく使う図形パターンその10に認定**します！)。

あとは「折る」問題で意識すべき視点も忘れてはいけません。こ

の場合 EF は AE と同じなので 16 − 6 = 10 ㎝となります。そのことで FI の長さが求められて（1）が解けます。ちなみに、三角形 EBF と三角形 FCI の相似比が EB：FC = 6 ： 8 = 3 ： 4 なので、EF = 10 ㎝＝③と考え、④にあたる FI を $10 \div 3 \times 4 = \frac{40}{3}$ なので、$16 - \frac{40}{3} = \mathbf{\frac{8}{3}}$ **㎝（答）** となります。

（2）は問題 33 で説明した 2 つの頭の使い方のうちの I の方が攻めやすいと思います **（比を使って面積を求めるのに必要な長さを求める）**。台形から三角形 IGH をひけばいいのですが、三角形 EBF と三角形 HGI の相似比が（1）の答えを **抜け目なく利用して** $8 : \frac{8}{3} = 3 : 1$ と求められるので、EB（6 ㎝）と GH の比も 3 ： 1 で GH は 2 ㎝となり、これで台形の上底も 2 ㎝と考えて求めることが出来ます。（2）は結局（2 + 10）× 16 ÷ 2（台形）$- 2 \times \frac{8}{3} \div 2 = 96 - \frac{8}{3} = \mathbf{\frac{280}{3}}$ **㎠（答）** となります！（なお、（1）もそうですが塾で仮分数は帯分数で答えるよう習っている場合はそれに従ってください）

問題34 補足板書

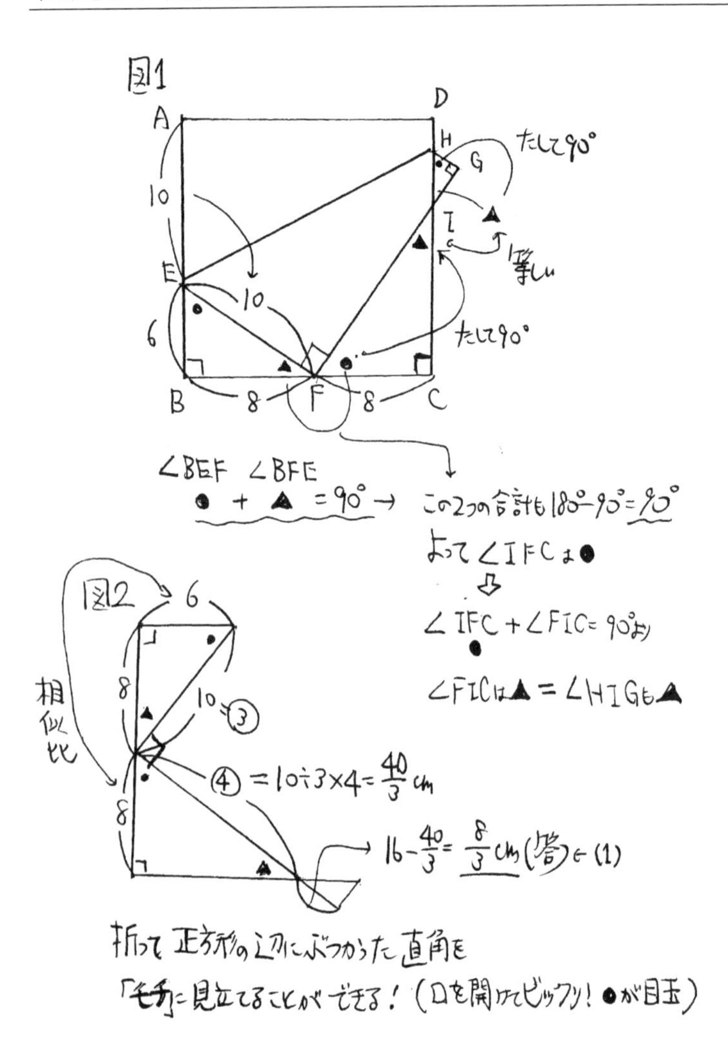

図1
A
D
H
G
たして90°
10
I
等しい
E
10
6
たして90°
B
8
F
8
C
∠BEF ∠BFE
● + ▲ = 90° → この2つの合計も180°−90°=90°
よって∠IFCは●
∠IFC + ∠FIC= 90°より
∠FICは▲ = ∠HIGも▲
図2
6
相似比
8
10=③
④ = 10÷3×4= 40/3 cm
8
16−40/3= 8/3 cm (答) ← (1)
折って正方形の辺にぶつかった直角を
「モチ」に見立てることができる！（口を開けてビックリ！●が目玉）

問題 35 （田園調布学園）

１冊の値段が 100 円、80 円、70 円、60 円の４種類のノートを合わせて 100 冊買ったら、7700 円でした。100 円と 60 円のノートの数は同じで、80 円と 70 円のノートの数は同じです。このとき、100 円のノートは何冊買いましたか。

「ゴホンゲの、ヒゲも濃いけどもっと濃い解説 その35」

次の問36からが、「レベル4＝毛4本★★★★」ということで、例によってレベルの最後は図形以外の分野からの出題ということなのですが、レベル1やレベル2の最後の問題であった問題8や問題22同様、実は「つるかめ算」の問題ということになります。

問題22の解説で、
「そのいらない5分をとってしまって、**やり方を知っている「つるかめ算」の形に持ち込んで解くわけです。**」
とか
「そして実は補助線の働きもそういう働きであるということです。つまり線を引くことにより、何か新しい今まで誰もやったことのない解き方で解くようにする……ということではなくて、自分の知ってるやり方に持ち込んで解くために線を引くようにするわけです。」

という話を書きました。そして実際に問題32は「よく使う図形パターンその6＝相似形（8の字形）を出現させる→そのパターンを使える形に持ち込む」問題でした。問題35はそういった色の濃い問題です。つまり通常の「つるかめ算」だと「つる」と「かめ」の2種類だけなのです。それがここでは4種類出現している、そして値段と合計の冊数は通常のつるかめ算同様わかっているイメージです。

それを「新しい種類の文章題」ということで、全く新しい切り口で考える必要はなくて、これもやはり**「つるかめ算」の手法に持ち**

込んで解けるわけです。つまり、100円と60円のノートが同じ冊数ある場合の1個当たりの平均は80円と求められます。また80円と70円のノートが同じ冊数ある場合の平均は75円と求められます。**同じ冊数であることを使って値段の平均にあたる数を求め、**そして「平均80円」と「平均75円」のノートが合わせて100冊で7700円という**「つるかめ算の形」に持ち込む**のです。

100円のノートの冊数を求めるには「平均」80円のノートの冊数を出して2で割ればいいので、まず全部「平均」75円のノートを先に買ったと考えて式を作って行きます。

(7700 − 75 × 100) ÷ (80 − 75) ＝本当は200円多く払っている÷1冊75円平均から80円にとりかえると払いが5円ずつ増える＝40冊を平均80円にとりかえた→100円の冊数は40冊÷2＝**20冊（答）**となります。

これからいよいよレベル4に突入しますが、必要に応じて「よく使うパターン」に持ち込む線を書き込んで解決の糸口をつかんでください！

コラム3

お風呂でも
本を読んで
勉強できるよね
お風呂でも
お勉強か…
なるほど
お風呂
行ってきます!
これでよしっ
ジップロック
中学受験算数
思考のルール
あっ
めくれない!!
……
ただじっと　表紙を眺める…

コラム3

ゴホンゲの、のほほん気(げ)PART3

ＬＥＶＥＬ３お疲れ様でした！ では是非今回も息抜きの２Ｐを楽しんでください！今回のこの作品は……主人公が健気ですね！「お風呂でもお勉強か、なるほど」……**素直でいいですねっ (^^)/「これでよしっ」**に**やる気を感じます！**（本が濡れないことにばかり気をとられて失敗してしまいましたが）「あっ めくれない!!」ってなっても許してあげたくなっちゃいますね。

これが例えばゴホンゲなら……「今日の授業ではまず週末のテストについてふりかえって……」「先週の授業の補足もしたいな……」「近々ある●●特訓についての心構えも話さないとな……」などと頭がいっぱいになってる時に限って、それに**気をとられて「チョークを（講師室から教室へ持って上がるの）忘れた！」**なんてなってしまうわけです (-_-;) 階段を駆け下りて講師室にチョークを取りに行き、ダッシュでまた階段を駆け上がり教室に戻る……なんという大人げのなさ（苦笑）とても、「あっチョーク忘れた!!」なんて健気に言っても生徒に許してもらえるとは思えません（苦笑）。

ここでこうやって自分の恥をあえてさらしたのは、算数の問題を解く時も、解き方がわかっているのに何かに気をとられてミスしてしまう、というような間違い方をよく見かけるので注意してもらいたいな、と思ったからです。例えば速さのつるかめ算で、時速５ｋｍで進んだ距離を求めるのに（つるかめ算で**まず時速５㎞で進んだ時間を求めてから、それを使って速さ×時間で距離を出すのですが**）つるかめ算で時速５㎞で進んだ時間を求めることに気をとられ過ぎて、最後に時間×速さの式を作るの忘れて時間をそのまま答えてしまう、なんてことありませんか？ 最後の答えに行き着くところまできちんと気を配り続ける、ということが大事です（そのためにも図に色々書きこんだりしながら考えていくといいのです！）。

ちなみに今回の主人公が読んでる本，拙著の『中学受験思考のルール』です。図形、速さ等色々な分野で使われる比の問題の解き方の流れに分野を超えて共通した流れがあることを解説した本です。2017 年に出版した全面改訂版から表紙がかわいい女の子に変わっているので、ぜひ手にとって確認してみてください！

⇓ここから「レベル４」もとい毛４本★★★★（笑）

問題 36 （海城）

図のように、Oを中心としABを直径とする半円があり、この半円上に点Cがあります。点DはBAをのばした直線上にあり、AC = ADです。このとき、角アの大きさを求めなさい。

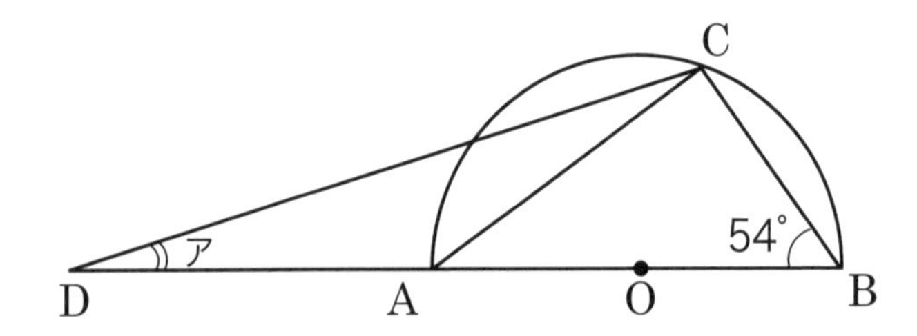

「ゴホンゲの、ヒゲも濃いけどもっと濃い解説 その36」

角Cがこの状況（三角形の1辺が直径で、もうひとつの頂点が円周上にある状況）で90°になると知っている人にとっては、なんてことない問題だとは思います（★1～2個レベル）。角CAB＝180－（54＋90）＝36°。AC＝ADよりア＋ア＝36°、つまりア×2＝36°。36÷2＝**18°（答）**でおしまいです。ではそれを知らなかったり忘れてしまったらどうするのか？

問題3を皮切りに何度か登場した**「二等辺三角形」に注目する**という頭の使い方に持っていきます。とは言ってもここで言っている二等辺三角形というのは、三角形ACDのことではありません（54°のヒントとどうつなげていくか→このままではつながらない）。

実は円やおうぎ形がからむ求角の問題では、少ないヒントで解くために、半径の線は全て長さが同じなので**「自分で半径の線を引いて」二等辺三角形を出現させ**解く必要がある問題が多いです。この場合**Cと中心を結びます**。三角形OACが二等辺三角形になって、例によって**「同じ角度とわかっているものを同じ記号で表す」**わけです。「補足板書」図1をご覧ください！ ●×2＋54×2＝180°（三角形の内角の和）●＝（180－108）÷2＝36°とわかって、ア＋ア＝ア×2＝36°より36°÷2＝**18°（答）**となります。

「よく使う図形パターンその2＝スリッパ」ですね。三角形ACDが足を入れるところ、直線DBがスリッパの底です。

問題36 補足板書

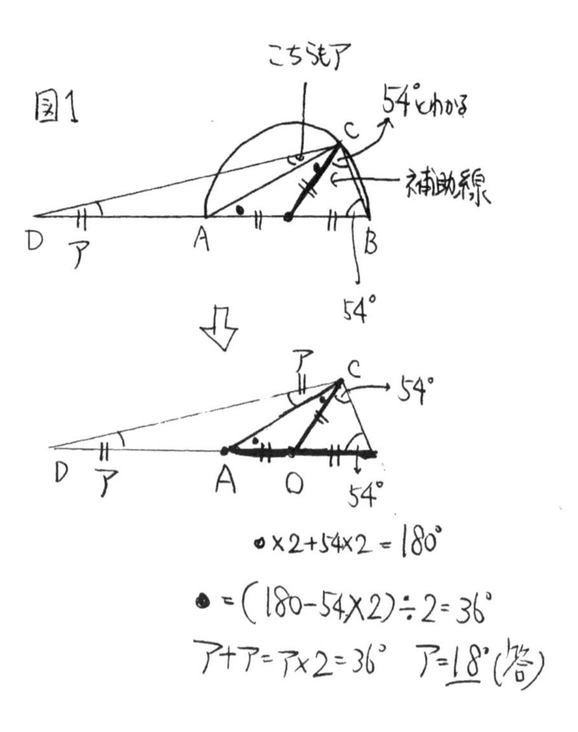
図1
こちらもア
54°とわかる
C
補助線
D
ア
A
B
54°
ア
C
54°
D
ア
A
O
54°
●×2+54×2=180°
●=(180−54×2)÷2=36°
ア+ア=ア×2=36° ア=18°(答)

問題 37 （大妻）

図で、三角形 DBE は、三角形 ABC を点 B を中心にして時計回りに 24 度回転させたものです。このとき、角 X の大きさは□度です。

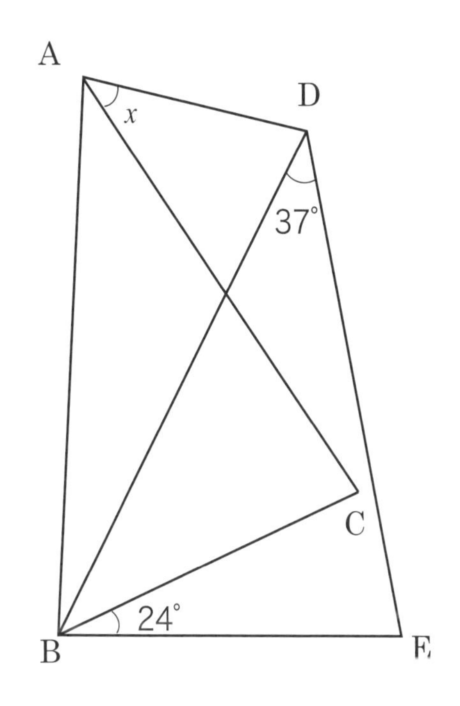

レベル1
レベル2
レベル3
レベル4
レベル5

「ゴホンゲの、ヒゲも濃いけどもっと濃い解説 その37」

問題36が**「自分で半径の線を引いて」二等辺三角形を出現させ**解く問題でしたが、それのマネみたいな感じで見た目のヒントの少なさにあせって、何も考えないで線を引いたりしませんでしたか？

円やおうぎ形が出てくる時、半径が等しいので二等辺三角形を作れる、という話を書きました。それを参考にして考えてみてどうですか？

実は問題文を読んだ時に「回転」という言葉に「これがカギでは？」と注目できた人は答えに近づけた人です（問題文はよく読みましょう、と何度も言ってきましたね）。「回転」というと円を連想しませんか？ この問題ではABやDBが回転する際に描かれる弧の半径、つまり三角形ABDは**「二等辺三角形」**ということです！（そこまで深く考えなくても、図形が「移動」した場合に移動する前と移動した後では形や大きさが同じだから……人間みたいに途中で買い食いとかして太ったりしないから（笑)、同じ長さの辺から二等辺三角形が出来てないか注目してくれればいいわけです！）

そうすると、「補足板書」図1に書きましたが、角CBEと同じく角ABDも24°になるので、
(180 − 24) ÷ 2 = 78°（角BAD）78 − 37 = **41度（答)**
ともっていけるわけです！

問題37 補足板書

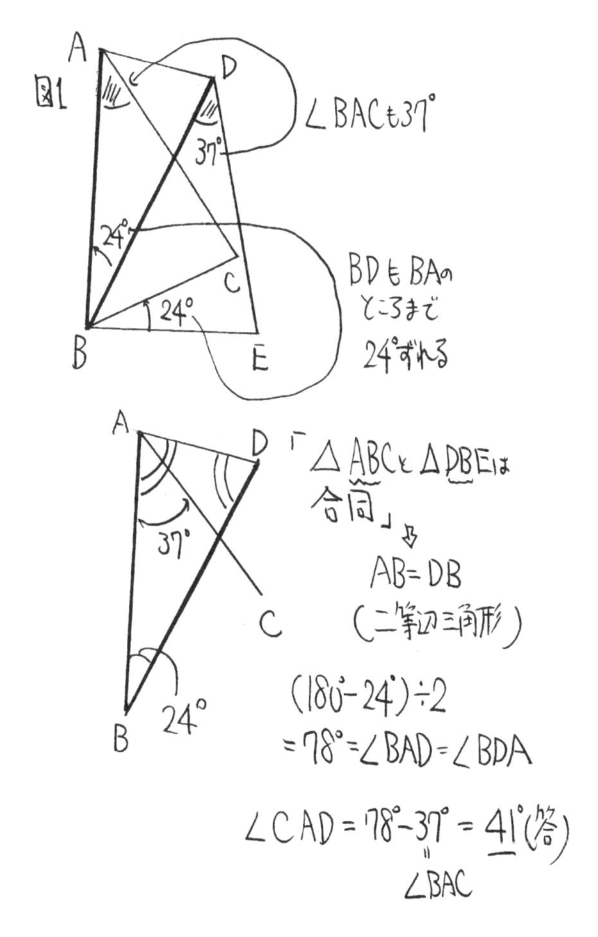

図1
A
D
∠BACも37°
37°
24°
C
BDもBAのところまで24°ずれる
24°
B
E
A
D
「△ABCと△DBEは合同」
AB=DB
(二等辺三角形)
37°
C
(180°-24°)÷2
=78°=∠BAD=∠BDA
B
24°
∠CAD=78°-37°=41°(答)
∠BAC

問題 38 （ラ・サール）

図の斜線部の面積を求めなさい。ただし円周率は3.14とします。

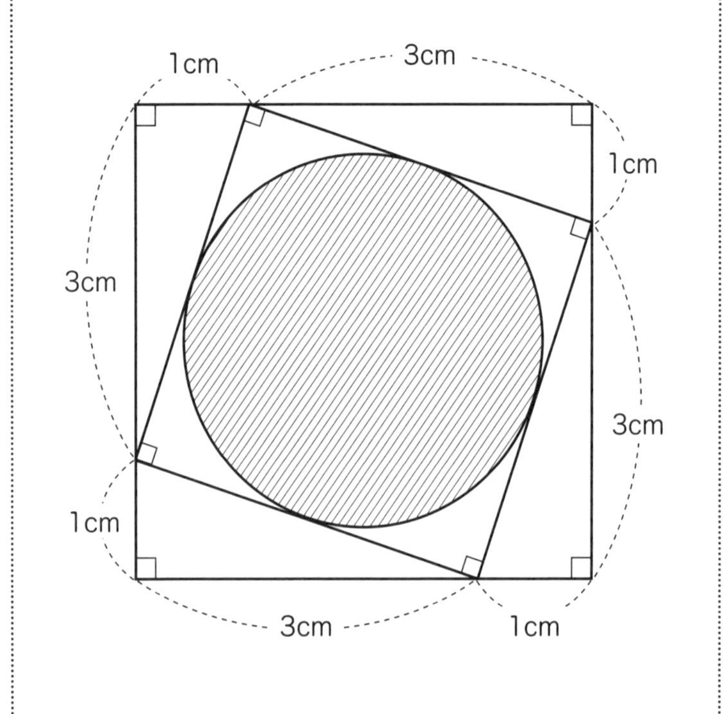

「ゴホンゲの、ヒゲも濃いけどもっと濃い解説 その38」

問題19の解説でどんなことが書いてあったか覚えてますでしょうか？ ちょっとここに書いてみます。

「半径はわからなくても、**半径を１辺とする正方形の面積がわかれば、円の面積はわかる**のです！ なので、ゴホンゲは半径がはっきりしない時は、半径を１辺とする正方形の部分を**「ぐりぐり」濃く書いて**、その部分の面積をまず出そうと考えます。」

上記のように書いたのは半径×半径＝半径を１辺とする正方形の面積にあたるからです。上記に書いた通りに「補足板書」図１でやってみると……そうです、この場合**大きな正方形の周りから４つの合同な直角三角形をひいて中に出来た正方形の$\frac{1}{4}$**が半径を１辺とする正方形の面積、ということです！（上記に太線で書いたように、１辺×１辺、対角線×対角線÷２以外の解き方で面積を求めるべき正方形があることはしっかり頭に入れておきましょう！）

そうすると４×４－１×３÷２×４個＝10㎠、10÷４＝2.5(半径×半径) 2.5×3.14＝**7.85㎠（答）**になります！

問題38 補足板書

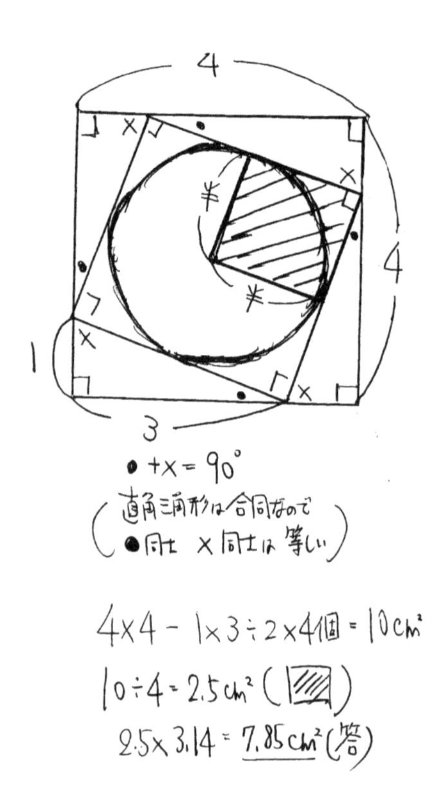
4
4
1
3
半
半
●＋×＝90°
（直角三角形は合同なので
●同士 ×同士は等しい）
4×4－1×3÷2×4個＝10㎠
10÷4＝2.5㎠（▨）
2.5×3.14＝7.85㎠（答）

問題 39 （(1) 武蔵野女子学院　(2) 早稲田）

(1) 図で、正六角形 ABCDEF の面積が 24 ㎠のとき、斜線部分の面積は何㎠ですか。

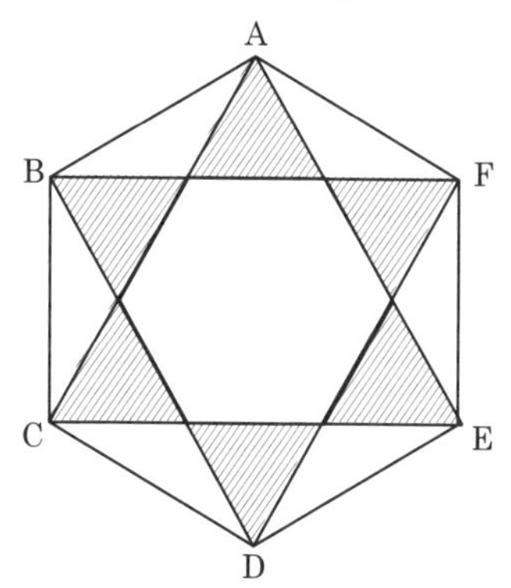

(2) 図の正六角形の面積は 6 ㎠です。斜線部分の面積は何㎠ですか。

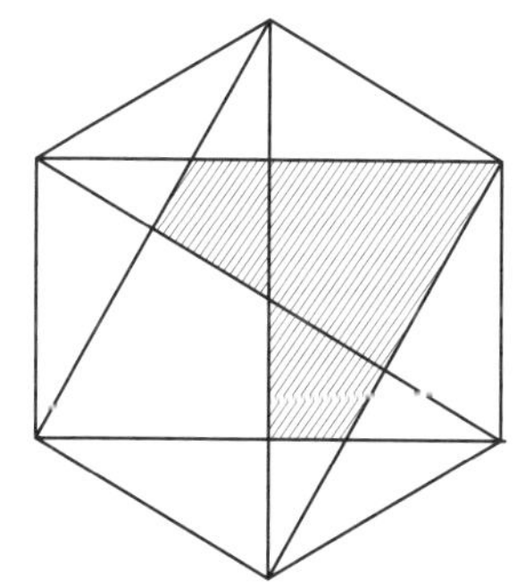

「ゴホンゲの、ヒゲも濃いけどもっと濃い解説 その39」

問題33の解説で以下のようなことを書きました。

「比を使って面積を求めていく時に方法は大きくわけて２つあると思います。

Ⅰ，必要な部分の長さを求めて、（公式にあてはめて）長さを求める

Ⅱ，各部分の面積比を求めて、ある部分の面積がわかれば他の部分の面積もわかる。」

今回の（1）も（2）も正六角形の中のある部分の面積を求める問題なのですが、上記で言うと（Ⅱ）の解き方にあたるわけです。つまり正六角形のある部分の求積をする問題の時は、上記の**Ⅱの頭の使い方をすることが多い**ということです。

正六角形を合同な正三角形６個に分けることが出来ます（問題によってはその正三角形の中をさらに３等分（全体を18等分）して考えることもあります）。それを元に考えて、例えば斜線部が正三角形１個分なら全体の６分の１、正三角形３個分なら全体の２分の１……というふうに考えることが出来るわけです。なので全体の面積が与えられると、斜線部の面積が求められるというわけです。

「補足板書」図１をご覧ください。（1）は**正六角形の中を正三角形６個に分けて、その正三角形の中をさらに３等分します**。それぞれの正三角形の面積を⑥とすると、塗られている部分はそのうちの

②ということなります。どの正三角形の中も同じように⑥のうち②が塗られているので、全体の3分の1が塗られていることになります。つまり（1）は$24 \times \frac{1}{3}=$**8 cm²（答）**です。

（2）は「補足板書」図2の方に書きました。同じように**正三角形6個に分けてみると**、正三角形の半分が塗られているのが2か所、あとは（**正三角形の中をさらに3等分して**）正三角形の3分の1が塗られているのが2か所、つまり正三角形の$\frac{1}{3}\times 2$か所$+\frac{1}{2}\times 2$箇所$=\frac{5}{3}$個分ということがわかります。つまり全体＝正三角形6個分＝6㎠より1個分は1㎠ですから、$\frac{5}{3}$個分$=$**$\frac{5}{3}$㎠（答）**ということになります（前にも書きましたように、それぞれのお通いの塾で帯分数で答えるよう指導されている時はそれに従ってください。以降では特にお断りしないで進めていきます）。

レベル1 レベル2 レベル3 レベル4 レベル5

問題39 補足板書

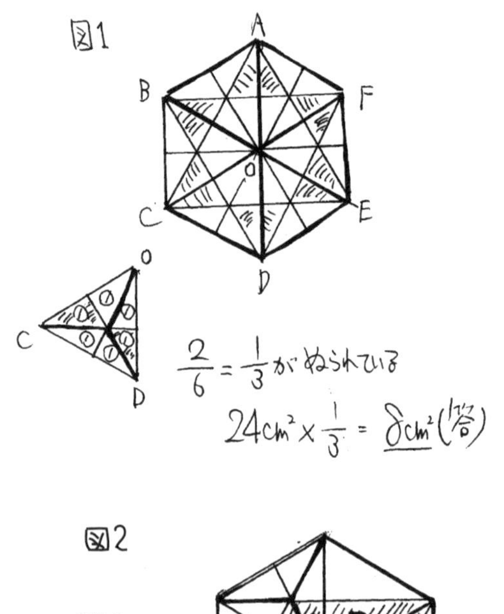

図2

■1つで
正三角形の$\frac{1}{2}$

●2つで
正三角形の$\frac{1}{3}$

$\frac{1}{2}\times2+\frac{1}{3}\times2=1\frac{2}{3}$個分

（正三角形1個＝1cm^2）　$1\text{cm}^2\times\frac{5}{3}=\frac{5}{3}\text{cm}^2$（答）

問題 40 （渋谷教育学園渋谷）

図のように、三角形 ABC の辺 AB、AC の上に点 P、Q を、それぞれ AP：PB ＝ 4 ： 1、AQ：QC ＝ 1 ： 1 になるようにとります。さらに直線 PQ の P と Q の間に点 R を、三角形 BPR と三角形 CQR の面積が等しくなるようにとります。三角形 ABC の面積が 50 ㎠のとき、三角形 RBC の面積は□㎠です。

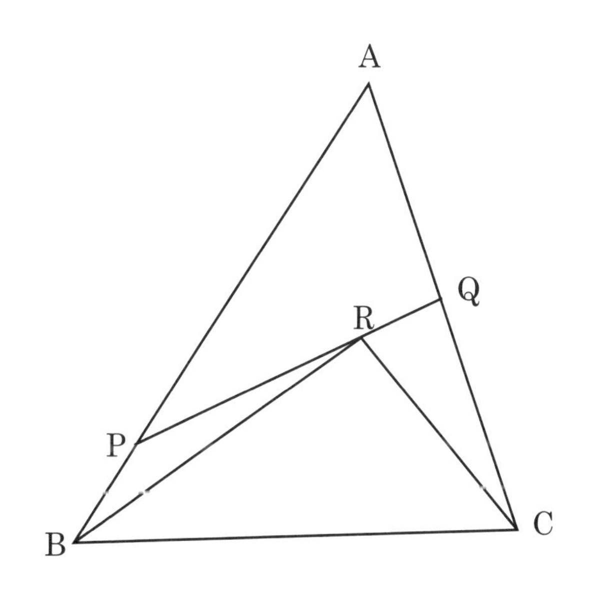

「ゴホングの、ヒゲも濃いけどもっと濃い解説 その40」

AとRの間を結ぶ直線を引きます。それは要はRを天井と考えてABやACの方を床と考えて線を引いて**問題21や問題29～31で出て来た「よく使う図形パターン7」**を出現させるイメージです。そうすることによって、**AP：PB＝4：1、AQ：QC＝1：1といった条件を生かせるわけです**。つまり、三角形BPRと三角形CQRの面積が等しいので、それをそれぞれ①とおいたときに、(「補足板書」図1に書きましたが）三角形APRは三角形BPRの4倍で④、三角形AQRは三角形CQRと等しくて①とおけるわけです。

ただそこまでわかっても三角形ABCの50㎠がまるいくつにあたるというところまでは結びつきません（三角形RBCがまるいくつからわからないから)。果たしてこのあとどうするのか？

実はこの図形にやはり問題21で出て来た**よく使う図形パターン8**（たけのこの里）も出現しているのですが気づきますか？「補足板書」図2をご覧ください！ 三角形APQは実は全体の$\frac{4}{5}\times\frac{1}{2}=\frac{2}{5}$倍にあたると求められるのです！ つまり④＋①＝⑤が全体の$\frac{2}{5}$なので、三角形RBC以外の部分の⑦は、全体の$\frac{2}{5}\div 5\times 7$つまり全体の$\frac{14}{25}$とわかるので、三角形RBCは残りの$\frac{11}{25}$にあたるとわかるのです！ つまり三角形RBCは50㎠×$\frac{11}{25}$で**22㎠（答）**となります！

比に苦手意識を持っている人もいるかもしれませんが、こうやって補助線を引いて作ったり、元々隠れていた「よく使う図形パターン（のうち比を使って考えるもの＝その6～その10で紹介したもの)」と結び付けてどういう比の関係が言えるか考えていけばいいのです（ただし今後紹介するパターンも若干あります。お楽しみに！)。どういった比の考え方が使えるのかこんがらがって思わず「何て比だ！」とバイキングのコントみたいに叫んでしまわないようにこの本で練習していきましょう！

問題40 補足板書

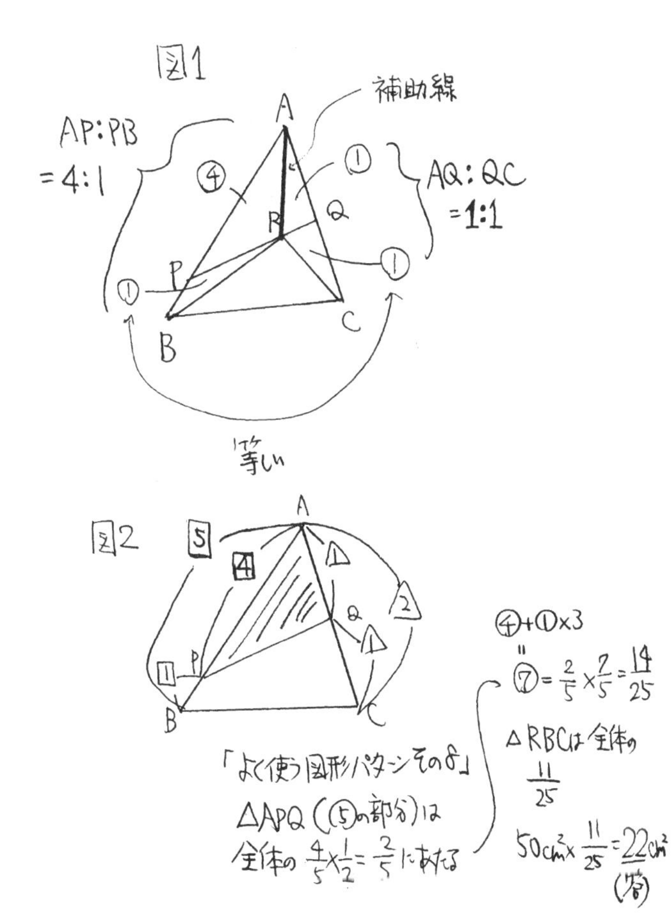

図1
補助線
A
AP:PB
=4:1
④
①
AQ:QC
=1:1
R
Q
P
①
①
B
C
等しい
図2
A
5
4
△1
△2
Q
△1
1
P
B
C
④+①×3
=
⑦$=\frac{2}{5}\times\frac{7}{5}=\frac{14}{25}$
△RBCは全体の
$\frac{11}{25}$
「よく使う図形パターンその8」
△APQ（⑤の部分）は
全体の$\frac{4}{5}\times\frac{1}{2}=\frac{2}{5}$にあたる
$50cm^2\times\frac{11}{25}=22cm^2$
(答)

問題 41 （六甲）

図のように、三角形 ABC の辺 AB 上に点 D、辺 AC の上に点 E があり、AD：DB ＝ 3 ： 2、AE：EC ＝ 2 ： 1 です。BE と CD が交わる点を F とし、AF と DE が交わる点を G、AF を延長した直線と辺 BC が交わる点を H とします。

(1) 三角形 FAB と三角形 FBC と三角形 FCA の面積の比を、最も簡単な整数を用いて表しなさい。

(2) DF と FC の長さの比を、最も簡単な整数を用いて表しなさい。

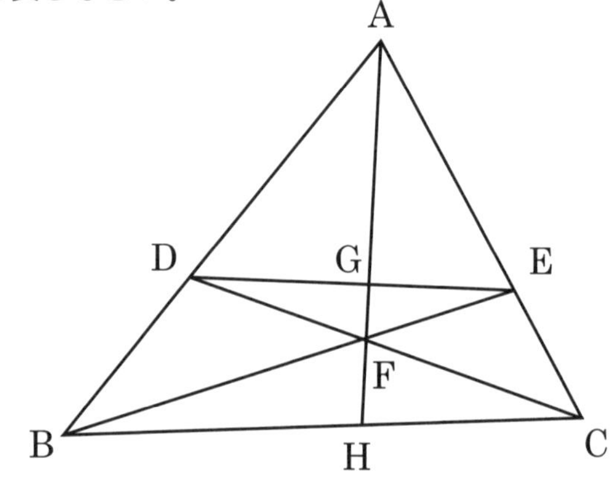

「ゴホンゲの、ヒゲも濃いけどもっと濃い解説 その41」

　これまで「よく使う図形パターン」ということで1から10まで紹介してきました。**図形の問題でよく出てくる頭の使い方（向きを変えて考えてみる等）**やどういう作業をすれば**問題を解く流れに乗りやすくなるか（同じ角度のところは同じ記号で表す等）**を意識しながら、**よく使う図形パターンが図形の中に隠れているのに気づいて解いていく**、あるいは補助線を足すことによってそういった**よく使うパターンを出現させて（その考え方が使える状況に持ち込んで）**解くんだ、ということで今まで書いて来ました。

　そうするといつも自分で線を足して考えなくてもいい問題は当然あるわけですが、それどころか1つ1つの設問にとって、「この問題ではこの線は邪魔な線だな！（よく使う図形パターンが隠れているのに気づきなりにくくするような線が引いてある）そういう線に邪魔されずに解いていく必要があるような場合も多いですね（この問題では（1）（2）を解くのに、直線ＤＥが必要ない線ということになります）。

　この問題では**「よく使う図形パターンその11」**ということで**「加比の理」**という考え方を紹介します。
　「補足板書」図1をご覧ください！ たとえば食塩水の問題の考え方で「全体が20％の食塩水（食塩：水＝1：4）で、そこから食塩水の一部分を取り出したときに、取り出した食塩水も20％の食塩水だし（食塩:水＝1:4）残りの食塩水も20％の食塩水（食塩:水＝1：4）という考え方を使うことがありますね。

それと同じで、「補足板書」（図２）において、ア：イ＝ｂ：ｃで、ア＋ウ:イ＋エ＝ｂ：ｃだと、「ウ:エもｂ：ｃ」が成り立つのです（逆に言うとア：イ＝ｂ：ｃで、ウ：エもｂ：ｃで、するとア＋ウ：イ＋エ＝ｂ：ｃ）。

この加比の理を使える目印になるのが、「補足板書」（図３）になります。「カサ」が目印だと思ってください！（**てっぺんの頂点から、底辺に向かって引いた直線**がカサの持つところですね）そしてそのカサが色々な方向に隠れているのを（1）を解く時に見逃さないでくださいね！

（2）は**「よく使う図形パターンその７」**を利用できますね。天井がＡで床（底辺）がＤＣの高さが等しい三角形を見逃さないでください！ 面積比から底辺比に持って行けますね！

この問題のくわしい解き方に関しては文であれこれ書くより、補足板書で図と比べながら見てもらった方がわかると思うのでよく読んで確認しておいてください！（1）は**4：2：3（答）**で（2）は**4：5（答）**になります！

問題41 補足板書

【その1】

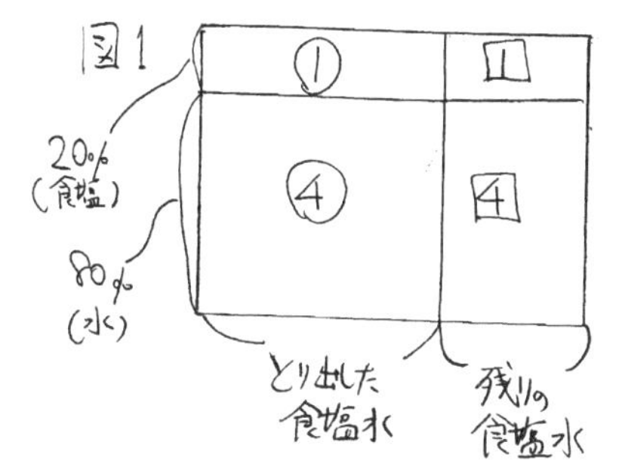

とり出した食塩水も
残りの食塩水も
食塩：水＝1：4
(混ぜたあとも
当然1：4)

図2 加比の理を使う目印
カザ(よく使う図形パターンその11)

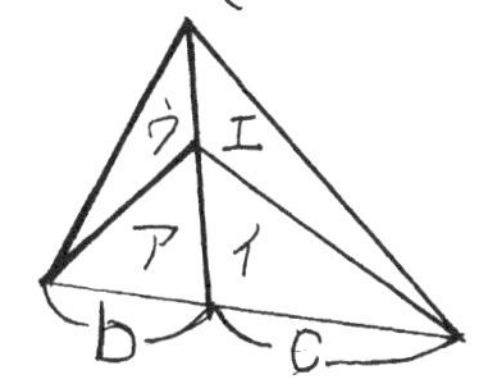

ウ：エも面積比はb：c

(その2につづく)

問題41 補足板書

【その2】

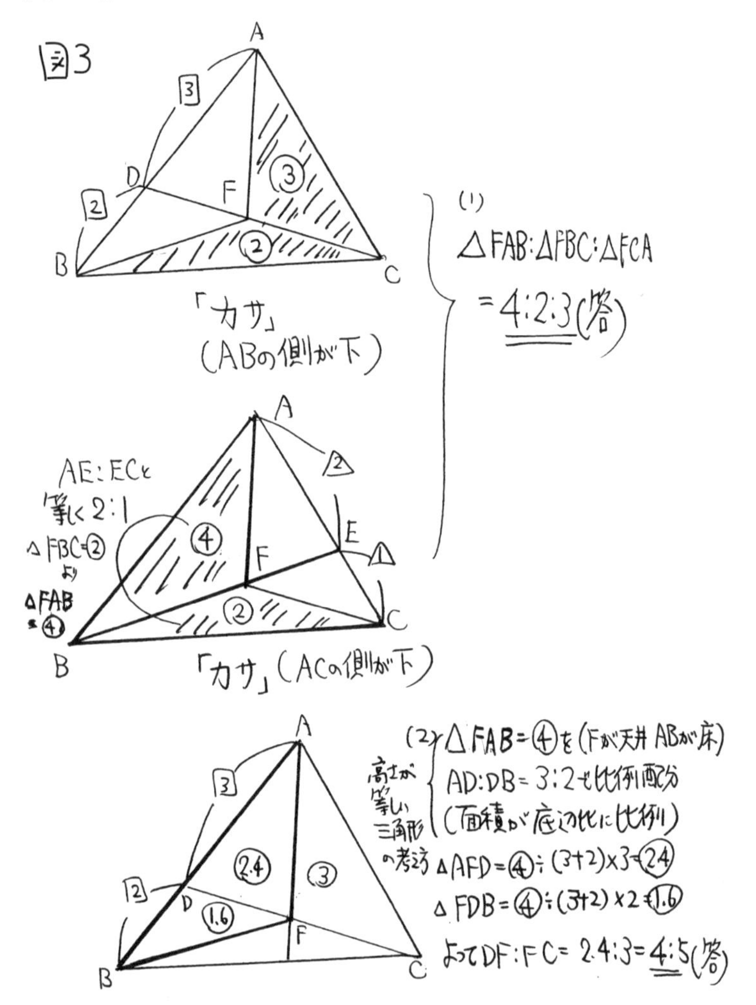

問題 42 （聖徳大学附属女子（特待））

図で、色のぬられた長方形の面積は□㎠です。

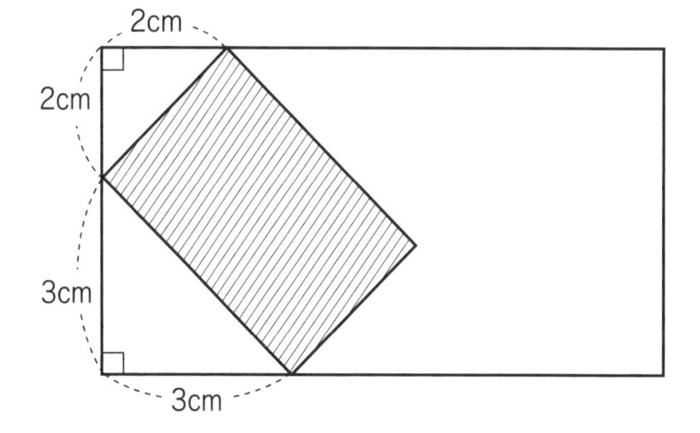

「ゴホンゲの、ヒゲも濃いけどもっと濃い解説 その42」

「全体から不要な部分をひく」という解き方が思い浮かびましたか？ **よく出てくる頭の使い方**でしたよね。ただそういう話をすると、「全体の面積がわかるわけでもないし、不要な部分も面積がわかるのは、左の２つの三角形だけじゃねえかよ！ ゴホンゲの野郎テキトーなこと言うな！」と思ってる人もいるかもしれません（苦笑）

そこで、「補足板書」図１のように**たてに補助線を引いてみてください！** どうですか？「区切って出来た長方形全体から不要な部分（三角形４つ）をひく」という解法がイメージ出来たのではないでしょうか（くわしくは以下に解説していきます）。

こういった問題を解く時によく出てくる頭の使い方（**「全体から不要な部分をひく」**とか**「いくつかの（面積を出せる）部分に分ける」**）がきちんと意識出来ていて、もう一工夫すれば「全体から不要な部分をひく」と言う考え方が使えるかも……という感じで考えられる人の方が、やはりやみくもに線を引く人よりこの補助線を思いつく確率が高いのでは、と思います。

そして、この問題の図形、実は左側は「モチ」すなわち問題34で出て来た**「よく使う図形パターンその10」**になっているのに気づきましたか？「補足板書」図２に書いておいたので、確認してみてください。そして、「補足板書」図１に書いた「たての補助線」を書くことで、実は下にも「モチ」が出現しますし、右側にも「モチ」

が出現しているのがおわかり頂けますか？ 実はこの「モチ」によって（●＋▲＝ 90° を利用して同じ角を同じ記号で表していくと）４つの直角三角形は相似ということになるわけですね。そしてこの問題の場合は直角二等辺三角形なので、●＝▲＝ 45° という感じでとらえて解けばいいわけです。

そして！ さらに！「補足板書」の図３に書きましたが、長方形の向かい合った辺が等しいことから、左上と右下は相似比が１：１の直角二等辺三角形、そして左下と右上が相似比が１：１の直角二等辺三角形ということになるわけです。**相似で相似比が１：１→つまり合同だということです！ このように「モチ」を活用することを手掛かりにして**周りの直角三角形の長さがわかって問題が解けるわけです！ 細かいところは「補足板書」で確認してもらいたいですが、
（３＋２）×（３＋２）＝ 25 ㎠から２×２÷２×２個と３×３÷２×２個をひいて **12 ㎠（答）** となります！

問題42 補足板書

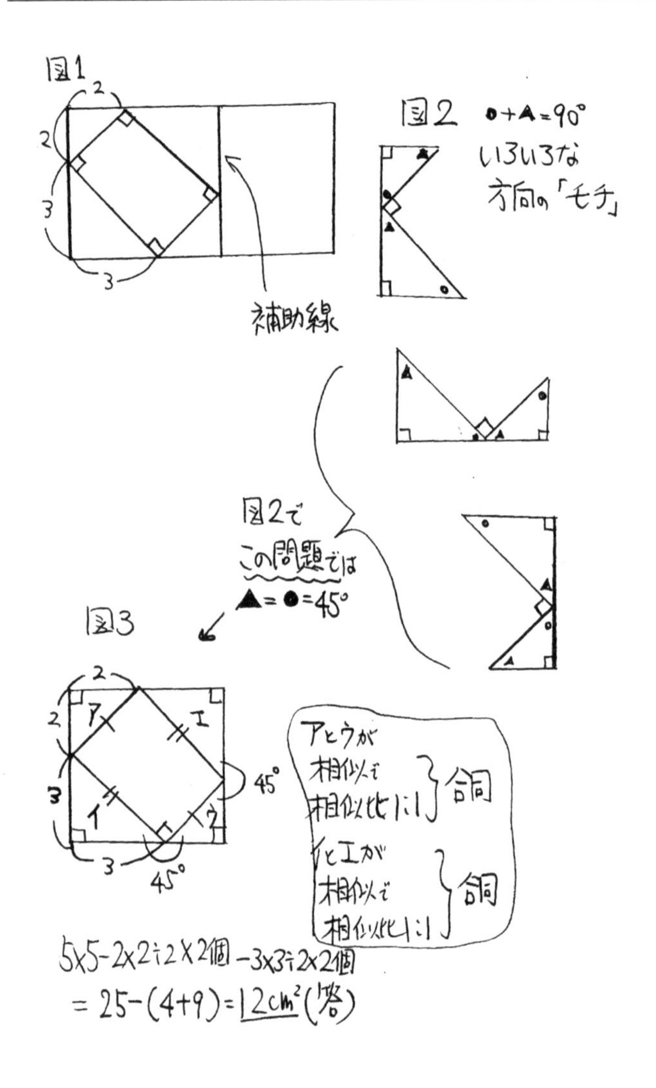

図1
2
2
3
3
補助線
図2 ●+▲=90°
いろいろな
方向の「モチ」
図2で
この問題では
▲=●=45°
図3
2
2
ア
エ
3
イ
ウ
45°
3
45°
アとウが
相似で
相似比1:1
合同
イとエが
相似で
相似比1:1
合同
5×5−2×2÷2×2個−3×3÷2×2個
=25−(4+9)=12cm²(答)

問題 43 （中大附）

図の角 X は何度ですか。ただし、四角形 ABCD は正方形、BD は対角線とします。

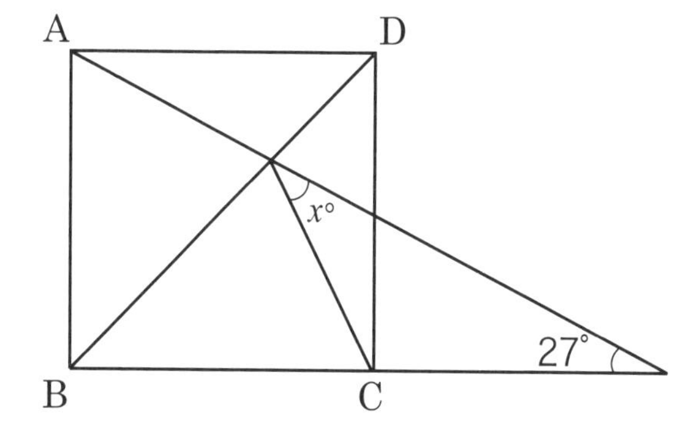

「ゴホンゲの、ヒゲも濃いけどもっと濃い解説 その43」

この図の中には、こういった問題で頼りになる「二等辺三角形」は出てきません。それにしてはヒントが足りないような……何かうまい補助線を引かないといけないのでしょうか？

実は**問題42で「合同」というのをとりあげましたが**、合同な図形が見つかると、「あっこの辺ってこっちの図形の対応するこの辺と一緒で何㎝だ！」とか「あっこの角ってこっちの図形の対応するこの角と一緒で何度だ！」と色々わかってくるわけです。そういう意味では二等辺三角形と同じように少ないヒントの時に力を発揮する考え方、ということが出来ます。

ただ三角形の合同は３条件があって、それを使いこなすのが難しいかもしれません。逆にだからこそ難関校の入試では狙われる知識だったりもします。

Ⅰ、３辺が等しい←これはピンと来やすいと思います。
Ⅱ、１辺と両端の角が等しい←これは実は**「相似」で「相似比が１：１」**と言いかえられるので、子供達にとっては見つけやすいと思います。問題42もそうでしたね。
Ⅲ、２辺とその間の角が等しい←実はこれが今回のカギなのです。

そうです、「補足板書」図１をご覧ください！ アの三角形とイの三角形が上記のⅢの条件で合同と言えるのです！

やはりそう考えると「正方形」というのもポイントですね。**正方形だから対角線で区切った時に、どちらも45°になって角が等しくなるのです**（長方形なら対角線で区切っても45°ずつにはならないですね）。やはり**問題文をよく読んで条件を生かす**、というのが大事です！

アの左上の角がＺ形を生かして90 − 27 = 63°とわかり、そうすると残りのもう一つの角が180 −（63 + 45）= 72°となります。すると「補足板書」図２に書きましたが、アとイが合同からアの72°とＸの間の角も72°とわかるので、Ｘは180 − 72 × 2 = **36度（答）**となります！

問題43 補足板書

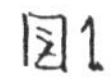

図1

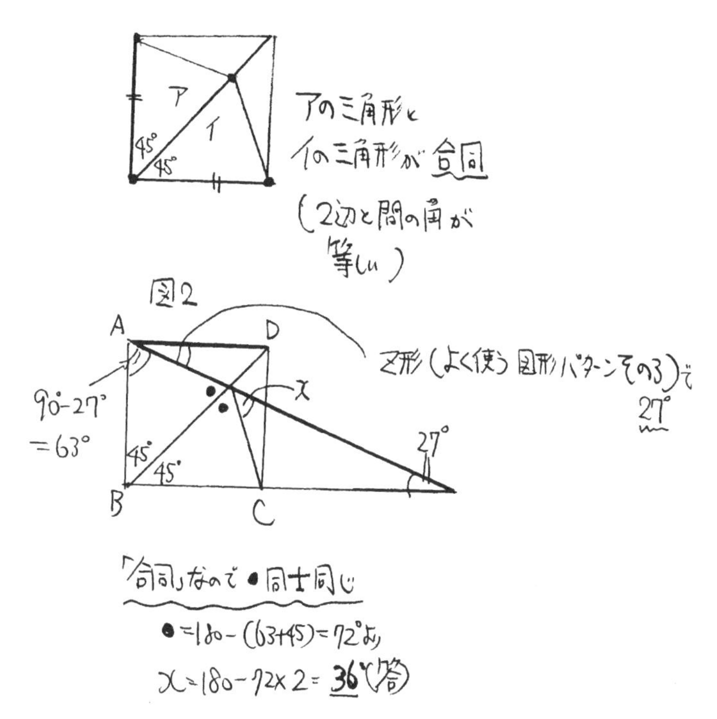

ア
イ
45°
45°
アの三角形と
イの三角形が合同
（2辺と間の角が
等しい）
図2
A
D
B
C
x
90°−27°
=63°
45°
45°
27°
Z形（よく使う図形パターンその3）で
27°
「合同」なので●同士同じ
●=180−(63+45)=72°より
x=180−72×2=36°(答)

問題 44 （慶應中等部）

正方形 ABCD と正三角形 EAD と正三角形 FBD を組み合わせました。このとき角Xの大きさは□°です。

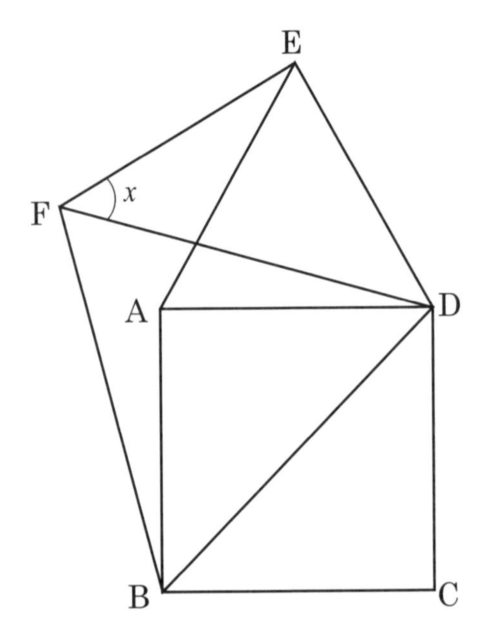

「ゴホンゲの、ヒゲも濃いけどもっと濃い解説 その44」

正三角形と正三角形と正方形が重なっている……このことからたくさん同じ長さの辺があると判断して、ヒントも少ないし、まず二等辺三角形から探そう！ となっているかもしれません。

ただ実は、2つの正三角形は1辺の長さが違っていて、なので（図に与えられた正三角形以外で）問題文のイメージから二等辺三角形があると思い込んだら裏切られます（苦笑）正方形があるので正方形を2個に分けた直角二等辺三角形は勿論ありますが、他に問題を解くカギに出来るような二等辺三角形が見当たりません。算数は問題文をよく読むことは大事ですが、それとあわせて図をよく見ることも同じように大事です。

ではこの問題は何か補助線を引くことにより魔法のように切り抜けられる手段があってそういう技でも使わないとダメなのでしょうか？ いえ、そんなことはないのです。問題43で少ないヒントの時に力を発揮させる考え方ということで、「合同」をとりあげましたよね。「等しい辺」のヒントを頼りになる二等辺三角形を見つける方向には結び付けられませんでしたが、この問題では以下のように合同な三角形の発見に結びついていきます。

三角形EDFと三角形ADBで、まずED＝AD(正三角形)、そしてDF＝DB（正三角形)、仕上げは角EDF＝角ADBで、角ADBは勿論45°ですが、角FDAが60°－45°＝15°なので、そこからの角EDA（60°）－角FDA（15°）で**角EDFも45°とわかって**2辺とその間の角が等しいで合同と言えるのです。すると三角形ADBはそもそも直角二等辺三角形なので、三角形EDFも実は直角二等辺三角形と言えるのです（「補足板書」図1もご覧になってください)。

まず最初はカギになる二等辺三角形を探す路線でいいと思うのですが、それで？ となった時のために**合同も少ないヒントで角度などがわかっていく手段として使える（この問題では角EFDが角ABDと対応するのでXが45°（答）とわかる）**ことを頭に入れておいてください！

問題44 補足板書

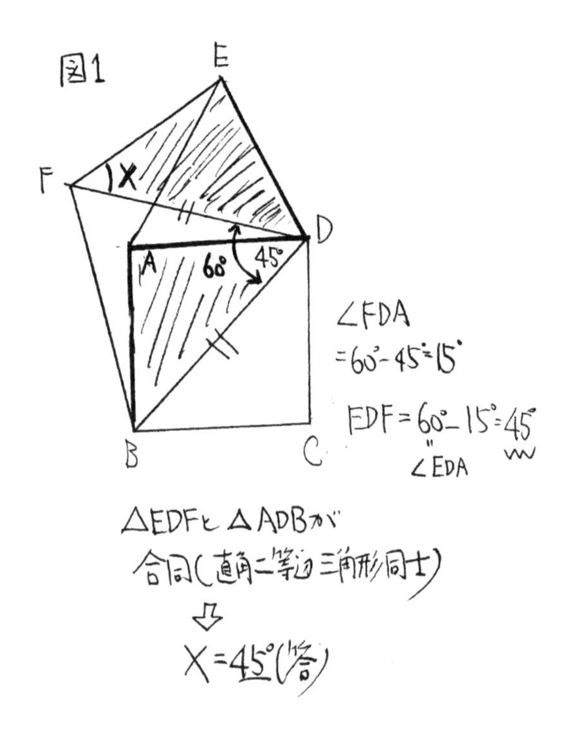
図1
E
F
X
D
A
60°
45°
B
C
∠FDA
=60°−45°=15°
EDF=60°−15°=45°
∠EDA
△EDFと△ADBが
合同(直角二等辺三角形同士)
X=45°(答)

問題 45 （鎌倉学園）

図のように、平行四辺形 ABCD において、辺 BC を3等分する点をE，Fとします。

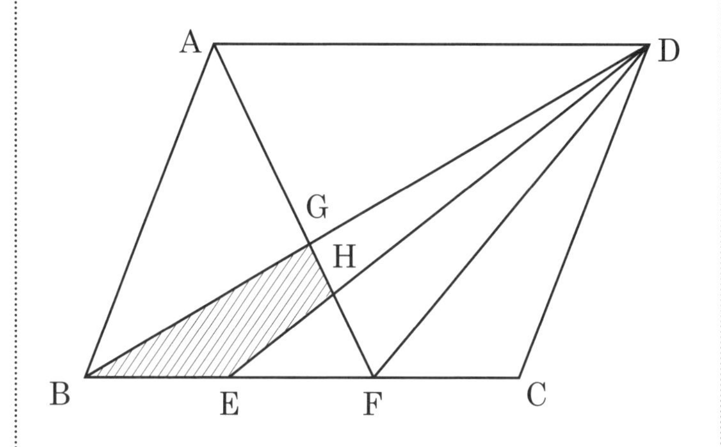

次の問いに答えなさい。

（1）FG：FA を最も簡単な整数の比で表しなさい。

（2）FH：FG を最も簡単な整数の比で表しなさい。

（3）斜線部分の面積は、平行四辺形 ABCD の面積の何倍となるか求めなさい。

「ゴホンゲの、ヒゲも濃いけどもっと濃い解説 その45」

問題20、32等で出て来た「よく使う図形パターンその6」（8の字形＝リボン）等が図の中に隠れているのをまずはきっちり使うようにしていってください！

(1) はGを2つの三角形の結び目にしている三角形AGDとFGBの相似に注目します。相似が見つかれば、次は相似比！ AD：FB＝3：2です。このことから、FG：GA＝2：3より、FG：FAは**2：5（答）**です。

(2) は上記の三角形AGDとFGBの相似の他に、もう一組Hを2つの三角形の結び目にしている三角形FHEと三角形AHDの相似に注目です。「補足板書」図1もご覧になってください！ FG：GA＝2：3と (1) でわかっていますが、今回はFH：HAが1：3とわかります。そしてFAを2＋3と1＋3の最小公倍数⑳にそろえて考えると、FHは⑳÷(1＋3)×1＝⑤、FGは⑳÷(2＋3)×2＝⑧にあたるので、FH：FGは**5：8（答）**です。

(3) ですが、解き方を2つ見せておきます。1つは問題21で出て来た**「よく使う図形パターンその8」**の活用です。「補足板書」図2をご覧ください！ 三角形DBEが全体の6分の1（平行四辺形の半分の三角形DBCのさらに3分の1だから）にあたるわけですが、三角形DBEと比べて三角形DGHが**「よく使う図形パターンその8」**の考え方を使って $\frac{DG}{DB}\times\frac{DH}{DE}=\frac{3}{5}\times\frac{3}{4}=\frac{9}{20}$ にあたると

わかるので、斜線部は三角形DBEの$1-\frac{9}{20}$で$\frac{11}{20}$にあたるとわかるのです！　なので斜線部は、全体の$\frac{1}{6}$（三角形DBE）×$\frac{11}{20}$で**$\frac{11}{120}$（答）**になります！

別解ですが、「補足板書」図3をご覧ください！　ここで台形の中を２本の対角線で分けた時の各部分の面積比がａ×ａ：ａ×ｂ：ａ×ｂ：ｂ×ｂになる技を**「よく使う図形パターンその12」**として紹介しておきます（ａをキ、ｂをラに見立てて**キキララ**とかわいく呼んでいます（笑））。

そしてこの技を使うと、「補足板書」図４に書きましたが、この問題で三角形AGD：三角形AGB：三角形GBF：四角形GFCDが３×３：３×２：２×２：３×３＋３×２－２×２＝９：６：４：11とすぐ出ます！（三角形GBFは全体を９＋６＋４＋11で30とすると４にあたるわけです）

そして三角形GBFを**<u>GとEを結んで問題21や問題29～31等で出て来た「よく使う図形パターンその７」を出現させて</u>**３つの部分に分けます。**向きを変えて底辺をGFの方と考えると**GH：FH＝３：５より、三角形GEH：三角形HEF＝③：⑤。そして三角形GBEと三角形GEFは１：１なので三角形GBEは③＋⑤で⑧とおけます。つまり、三角形GBF＝⑧×２＝⑯に対して、斜線部は⑧＋③＝⑪にあたるので、全体の$\frac{4}{30}$（三角形ＧＢＦ）×$\frac{11}{16}$で**$\frac{11}{120}$（答）**となるわけです！（「補足板書」図５もご覧になってください！）

問題45 補足板書

【その1】

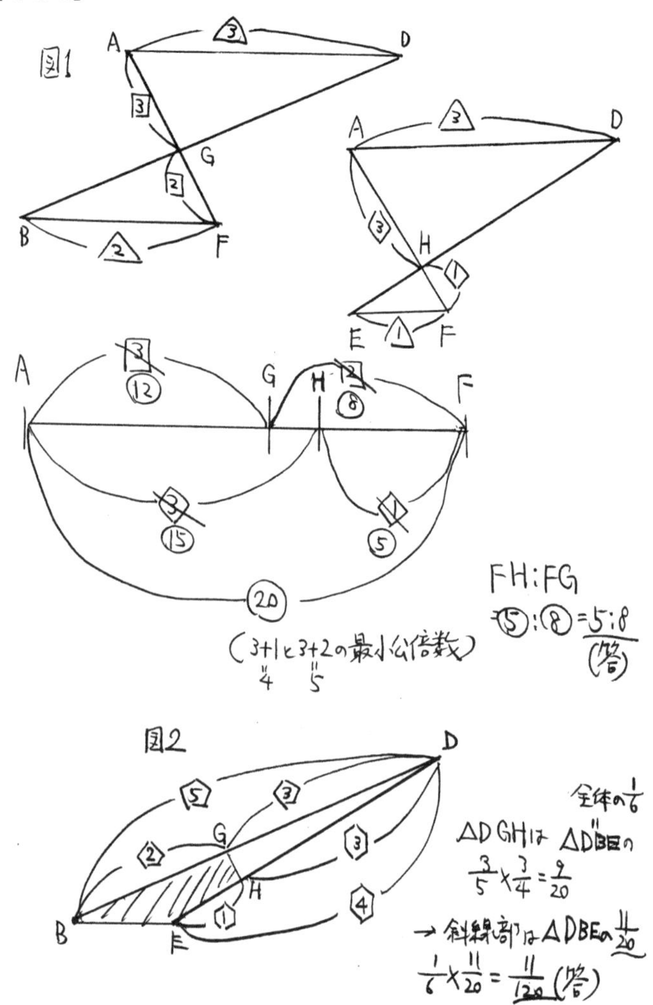

問題45 補足板書

【その2】

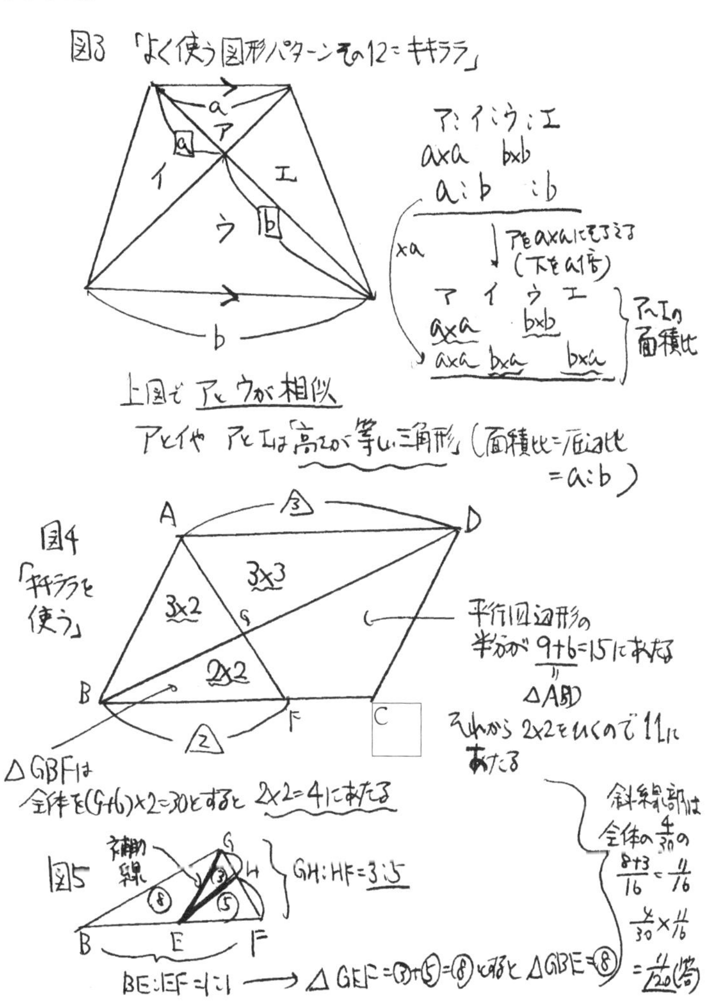

問題 46 （浅野）

長方形 ABCD があります。辺 AD、BC を 2：1 の比に分ける点をそれぞれ E, F とし、辺 CD を 1：1 の比に分ける点を G とします。AF と BE の交わった点を H とし、AF と BG の交わった点を I とします。

このとき、BI：IG ＝□：□になります。また長方形 ABCD の面積が 180 ㎠のとき、色のついている部分の五角形 DEHIG の面積は□㎠になります。

ただし□：□はもっとも簡単な整数の比で答えなさい。

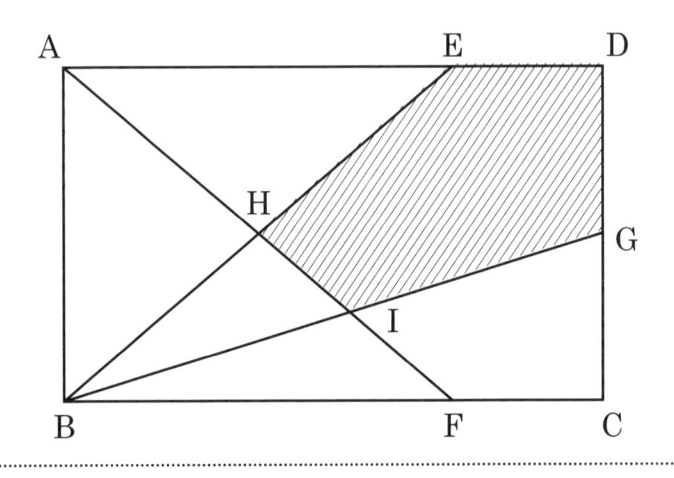

「ゴホンゲの、ヒゲも濃いけどもっと濃い解説 その46」

まずBI：IGですが、前の問題45等でも出て来た**「よく使う図形パターンその6」を出現させる**といいです。Iを三角形の結び目にしたリボン形を出現させようとすると、補助線の引き方は主に2つ考えられます。1つは、**EDを右に延長した線と、IGを右上に延長していった線をぶつけて三角形を作る**。ぶつかった点をJとすると、三角形BFIと三角形JAIが相似になります。ただこの時点では相似比はわかりません。もう一つ**三角形BCGと三角形JDGの相似**も見つけてもらいたいです！ これによって（相似比1：1）BC＝③とすると、DJも③となって、BF：AJ＝②：③＋③＝1：3が三角形BFIと三角形JAIの相似比です。このことから、BJ＝4とすると、BI＝1でBGがBJの半分で2にあたるのでBI：IG＝1：2－1＝**1：1（答）**です（「補足板書」図1）。Iが結び目のリボンと、Gが結び目のリボンをうまく使いましょう！

また**Fから上にCGと平行な線を引いて8の字を作ることもできます**。それでIを三角形の結び目とした相似ができます。今引いてもらった線とIGの交点をKとすると、三角形AIBと三角形FIKが相似になります。このとき、**「よく使う図形パターン6のもう一つの方」**つまりAの字に1本線足したアとア＋イが相似になるパターンが出てるのがわかりますか？ 三角形BFKと三角形BCGも相似になっていて、BF：BC＝②：③からCGを△3とすると、FKは△2とわかるのです。するとCGの2倍がABなのでAB＝△6となり、AB：FK＝6：2より、BI：IK＝3：1とわかります。BK：BGはBF：BCと同じで2：3なので、BIが3でIKが1だとするとBK

が4ですから、BGは6にあたります。つまりBI＝3だと、IG＝6－3＝3なので、BI:BG－BI＝**1：1（答）**と求められますね！（「補足板書」図2）

と文章で説明しても、やはりサンドウイッチマンのコント風に言うと「ちょっと何言ってるかわからない！」となるかもしれないので、是非「補足板書」をあわせて確認するようにしてください！五角形DEHIGの面積の方は是非「補足板書」図3で詳細確認してください！

やり方は複数考えられますが、ここでは問題21で登場して前の問題でも活躍した**「よく使う図形パターンその8」**を使ってみます（BI：IG＝1：1とわかったことを生かそうとするとこの解き方を思いつきやすいはずです。やはり**有効な頭の使い方として前の設問でわかったことを生かすというのは活用してもらいたい**です）。三角形BCGが「たけのこの里」で三角形BIFが「チョコ」です！ たとえば三角形BCGは長方形の4分の1ですが、三角形BIFがその三角形BCGの$\frac{BF}{BC} \times \frac{BI}{BG}$で$\frac{2}{3} \times \frac{1}{2} = \frac{1}{3}$なので、四角形IFCGが結局長方形の$\frac{1}{4} \times \left(1 - \frac{1}{3}\right)$で長方形の$\frac{1}{6}$とわかります！ するとあとは三角形ABE$\left(\text{長方形全体の}\frac{1}{2} \times \frac{2}{3} = \frac{1}{3}\right)$と三角形HBF（三角形ABEや三角形ABFの半分で長方形の$\frac{1}{6}$）もひけばいいので、斜線部は$1 - \left(\frac{1}{3} + \frac{1}{6} \times 2\right)$＝全体の$\frac{1}{3}$とわかるので$180 \times \frac{1}{3} =$ **60㎠（答）**となります。「何て比だ」！ って叫びたくなるくらい、やはり比が大活躍ですね（笑）。

問題46 補足板書

【その1】

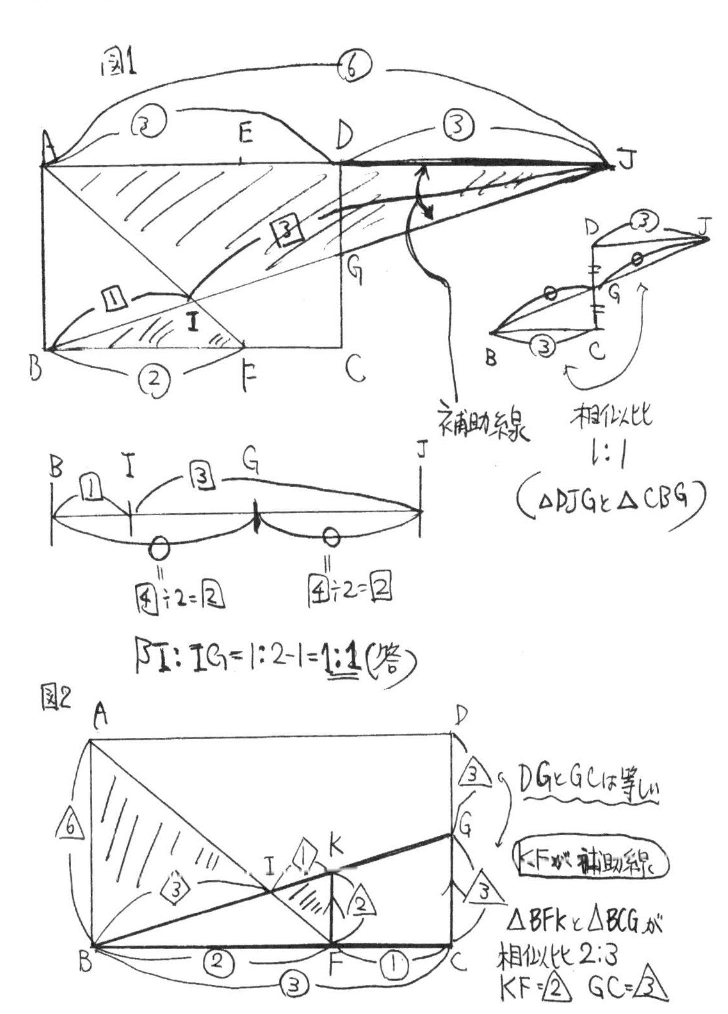

レベル1
レベル2
レベル3
レベル4
レベル5

問題46 補足板書

【その2】

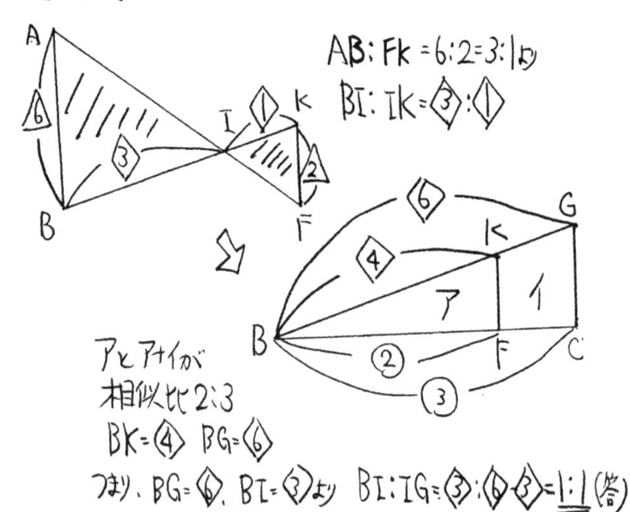

図3 五角形DEHIGが長方形の$\frac{1}{3}$の理由

△BIFが△BGCの
$\frac{BF}{BC}\times\frac{BI}{BG}=\frac{2}{3}\times\frac{3}{6}=\frac{1}{3}$
四角形IFCGは△BGCの
$1-\frac{1}{3}=\frac{2}{3}$、つまり長方形の$\frac{1}{4}$の
さらに$\frac{2}{3}$＝$\frac{1}{4}\times\frac{2}{3}$＝「長方形の$\frac{1}{6}$」

「五角形DEHIGは、全体から$\frac{1}{3}$（△ABE）と
$\frac{1}{6}$を2つ（△HBF＝△ABFの半分、と四角形IFCG）ひいて全体の$\frac{1}{3}$」

問題 47　（洗足学園）

1個40円の品物Aと1個80円の品物Bを合わせて50個買ったところ、品物Aの代金の合計が、品物Bの代金の合計よりも800円高くなりました。このとき、品物Aを何個買いましたか。

「ゴホンゲの、ヒゲも濃いけどもっと濃い解説 その47」

次の問48からが、いよいよ「レベル5＝毛5本★★★★★」ということで、例によってレベルの最後は図形以外の分野からの出題ということなのですが、レベル1〜レベル3の最後の問題と同様、「つるかめ算系」に分類できる問題ということになります。

「40円の品物と80円の品物で合わせて50個」というところまでは、普通のつるかめ算と全く同じです。ただ普通のつるかめ算であれば、「合計の金額」が書いてあるところですが、「金額の差」が書いてあるところが違うところです。

ただ前半がつるかめ算と同じ仕組みになっていますから、それを利用してつるかめ算と同じように「まず全部どちらか一方を買う」という考え方を使って考えられそう、ということです。この場合全部Aを買うとAの方が2000円、Bの方が0円なので**差に注目すると（800円というのが合計金額ではなく差なので差同士を比べるため）**2000－800円で差は実際の差と比べて1200円高いため、それを40円を80円に取り替えることで実際の差になるようにすればいいわけです。すると、1200円差を減らすのに、40円から80円に取り替えると40円が1個減るので2000円－40＝1960円が40円の品物の代金、80円1個増やすと80円の品物の代金は80円になります。つまり、1960－80＝差は1880円になって2000円より120円差が小さくなりますが、これは**差が40円縮まってさらに80円縮まって合計で120円縮むということなのです！**

なので、(40 × 50 − 800) ÷ (40 + 80) ＝差を1200円縮めるのに、1個80円に取り替えると差は40 + 80 = 120円ずつ小さくなるので10回80円にとりかえると、40円は50 − 10 = **40個（答）**となるわけです！

「つるかめ算の仕組み」になっているけれど、細かい違いがある……という時に全く新しい解き方を創造するということでなく、違う部分を「ここをこうすれば」つるかめ算の仕組みを利用できるぞ、という感じで解けるわけです。だから補助線の発想も「条件を生かして」「よく使っている図形のパターンの仕組みを利用する」ということでOKだということです。

コラム4

Q.
うどん屋で「特盛りうどん」を注文すると
通常の1.8倍の重さの麺になる。
この店の普通盛りが210gの時、
特盛りうどんは何gになるか答えよ。
超簡単じゃん
シャカシャカシャカ
24,780グラム!!
はいっ!
答える前に常識をもって自分の計算を疑ってみようか…
あっ 1.8を118にして計算してた…
ぐっちゃ～
その前に20キロ超えのうどんってありえないでしょ

コラム4

ゴホンゲの、のほほん気（げ）　PART4

ＬＥＶＥＬ４お疲れ様でした！残りはいよいよＬＥＶＥＬ５！ その戦いに向けて今回も息抜きの２Ｐを楽しんでください！ それにしてもこの作品は算数講師としては本当にありがたいです。色々な算数ネタを提供してくれているので（笑）。

例えば、この主人公みたいに小数点を１と見間違う、というようなダイナミックな間違い方は自分はあまり聞いたことないですが(ひょっとしたら、わたせさんは聞いたり見たりしたことがあったのだろうか（笑))、０と６を間違うなんていうのは本当によく見かける話ですし、最近は**３と５を見間違えるケースもちょくちょく見かけますね（３の上の部分の曲がり方が甘くて、まっすぐに近く見えると５と見間違うことがあるんです)**。心当たりのある人は是非気をつけてもらいたいです。(^^)/

あと、あまりに常識はずれの答えは不正解だと疑った方がいいというのもその通りですね。この主人公、弟君や妹さんの体重と同じくらいの重さの「うどん」を食べちゃうんですね（フードファイターか！）……ってそこで笑ってる読者の皆さん！ 他人事だと思ってるかもしれませんが、そういった間違いをしないよう是非気をつけてくださいね！ 例えば速さの問題で、家から学校までの距離は何㎞ですか？ って問題で500ｍって答えが出て0.5㎞って単位換算して答えないといけないのに、忘れて「500㎞！」なんて答えてしまうと、「君は毎日毎日朝と帰りに東京から関西まで歩くのかい？」ってこの漫画の眼鏡の先生に冷静にツッコまれてしまいますよ（笑）。

あと、前記の「常識外れ」とは似てるけど違うのでしっかり区別してもらいたいことがあります。例えば、うどんを1回に24kg食べる、というのはどうしても強くなるために太りたくて仕方ないお相撲さんならひょっとしたら食べるかもしれません。物凄いお金持ちなら毎日飛行機を使って東京と関西を学校に通うのに往復するかもしれません。これらは**「常識をあまりに外れているけれど、理論上不可能というわけではないのです。」**でも例えば、クラスの中で私ゴホンゲの本を持ってる人数の比と、クラス全体の人数の比が 13：50 という時には、本を持ってる人数が「13 の倍数」と決まってしまいます。それはクラスの人数が本を持ってる人数の $\frac{50}{13}$ 倍なので、本を持ってる人数が 13 の倍数でないと、クラスの人数は「分数」になってしまうのです。それは「常識外れ」なのではなく**「（人数が分数になるのは）理論上不可能」**なのです。**こういう場合は疑うレベルを超えて、（分数にならないのを）しっかり答えを見つけるカギとして使っていかないといけない**のです。

でも出来ることなら、人数が分数にならないかな！ って思う時期が1年に1度、中学受験塾講師にはあります。そうです、入試応援の期間です。「あの生徒も応援に行きたい、あの生徒のところにも……体をバラバラに出来ればいいのに！」なんて叶わぬ願いをつい持ってしまったりします (^^)/ （2021 年は、世の中がこのような状況なので、入試応援もオンラインを活用等、中学受験もいろいろ変化してきますね）

問題 48 （豊島岡）

図のように、三角形 ABC の辺 AB 上に点 D を、辺 BC 上に点 E を BD ＝ CE となるようにとりました。角 DAE の大きさは 30°、角 DEB の大きさは 45°、角 ADE の大きさは 75° のとき、角 BCA は何度ですか。

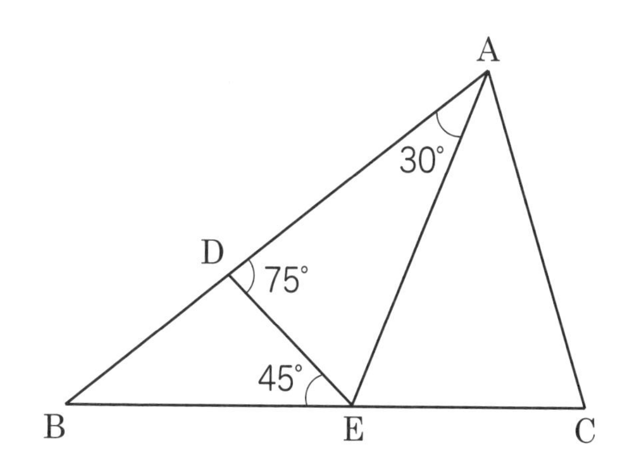

「ゴホンゲの、ヒゲも濃いけどもっと濃い解説 その48」

BD ＝ CE をどう使うか迷うところですよね。BD と CE が離れたところにあるので、その２辺で三角形が出来ているわけではないのです。「補足板書」図１をご覧ください！ 前に書いたように、**サッカーのパスを回すような感覚で、わかる角度についてきちんと書き込んでいってどこから攻め込んでいくのか手がかりを探ること**が大事です。問題 10 のところで書きましたが、**わかっていることを書きこんでいくことで問題を解く流れに乗りやすく**なります（逆に言うと効果的かどうかわからない補助線を引いても必ずしも問題を解く流れに乗れるかどうかわからないということです）。

三角形 BED を使ったスリッパ（問題３で登場した**よく使う図形パターンその２**）を使って角 DBE は 30°って求められますよね。これで三角形 EBA は**二等辺三角形**とわかります。また角 DEA は 180 −（30 ＋ 75）で角 ADE と同じなので、三角形 ADE も二等辺三角形なのです。

ここで、「補足板書」図２に書き込みましたが、**同じ長さの辺を同じ長さとわかるように記号で表したりするといい**と思います。以前の問題では、**濃くグリグリなぞるやり方もススめましたが**、この問題では AD と同じ長さの仲間と、BD と同じ長さの仲間があるので区別がつくようにした方がいいと思うので（同じ長さの仲間同士、同じ記号で表すということです）。問題 14 では**同じ角度の部分を同じ記号で表すと問題を解く流れに乗りやすくなる**、ということを書きましたが、長さについても同じことが言えるということですね。

そうすると BE ＝ AE（三角形 EBA が二等辺三角形）、AE ＝ DA(三角形 ADE が二等辺三角形）なので同じ記号で表していくと……BD ＋ DA と BE ＋ EC が結局同じ長さってわかりますよね！

つまり三角形 BAC 全体が二等辺三角形なので、角 BCA は（180 − 30）÷ 2 ＝ **75 度（答）**となります！ 最後は結局二等辺三角形の威力がモノを言う問題でした！

問題48 補足板書

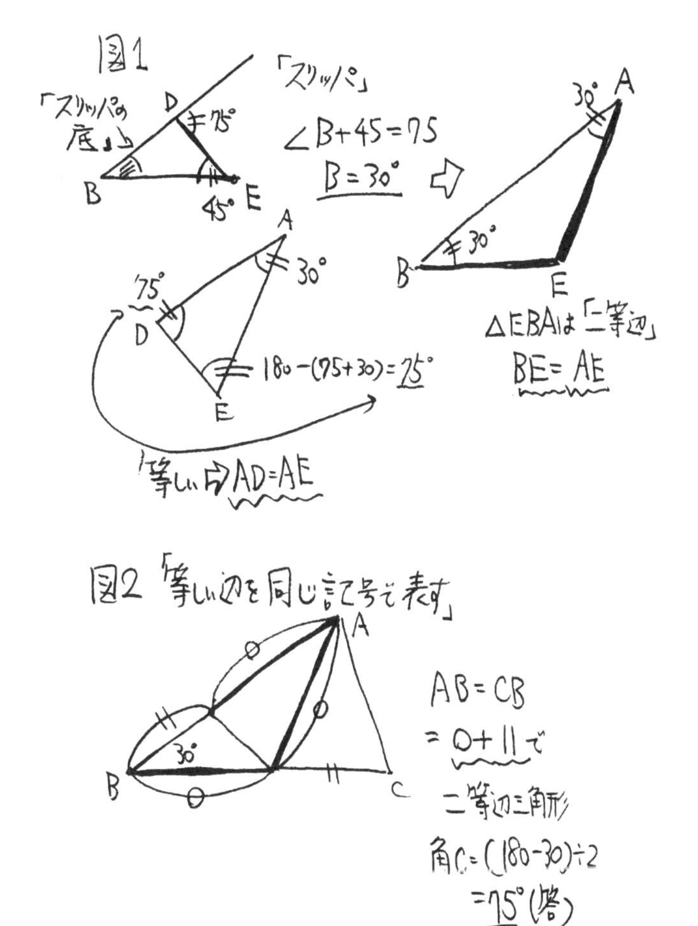

図1
「スリッパ」
「スリッパの底」
D
75°
B
E
45°
∠B+45=75
B=30°
A
30°
B
E
△EBAは「二等辺」
BE=AE
A
30°
75°
D
E
180−(75+30)=75°
「等しい」⇨AD=AE
図2 「等しい辺を同じ記号で表す」
A
30°
B
C
AB=CB
=○+〃で
二等辺三角形
角C=(180−30)÷2
=75°(答)

問題 49 （女子学院）

図のように、円の中に正十二角形があります。

角㋐は□度

角㋑は□度

角㋒は□度

角㋓は□度

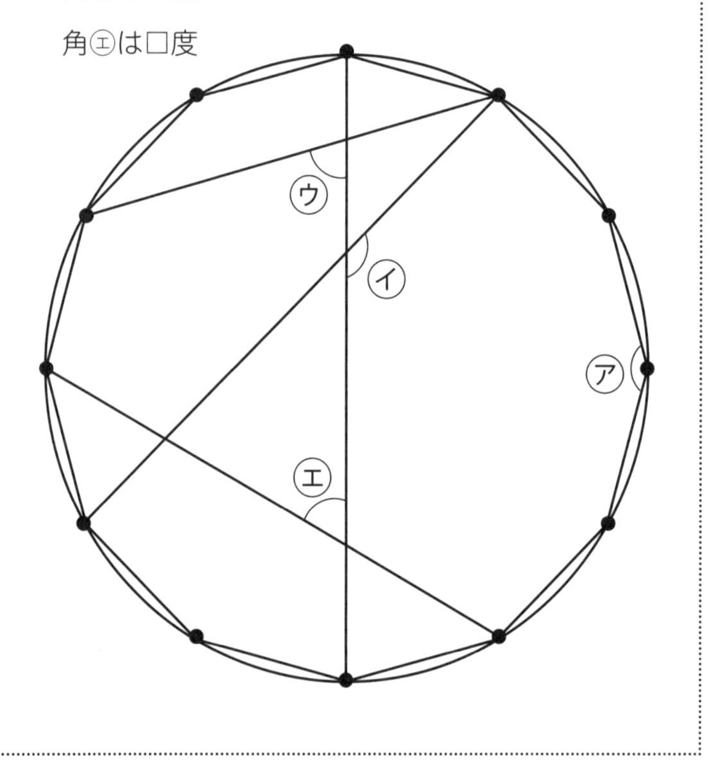

「ゴホンゲの、ヒゲも濃いけどもっと濃い解説 その49」

この問題に関しては、本当にここで文章で説明してもわかりづらいと思うので、「補足板書」の方を目で追ってもらって解き方を確認してもらえれば、と思います。㋐は勿論N角形の内角を求める公式で求めればいいので、内角の和は180×（12－2）＝1800°で、正十二角形ですからその12等分が一つの内角で、**150度（答）**です。

㋑は「補足板書」図1、㋒は「補足板書」図2、㋓は「補足板書」図3の説明を是非ご覧ください！

ポイントをここで話しておくと、それぞれの角を作っている直線を利用して**中心に向かって半径の補助線を引いて二等辺三角形を作っている**イメージです。問題36で「実は円やおうぎ形がからむ求角の問題では、少ないヒントで解くために、半径の線は全て長さが同じなので**「自分で半径の線を引いて」二等辺三角形を出現させ**解く必要がある問題が多いです。」ということを書きました。そのことによって少ないヒントで問題を解いていくことがやはり出来るわけです。問題文の「円の中に正十二角形が」という部分は円→半径で二等辺三角形を作れ！ というメッセージと受けとめてもらいたかったわけです。

そして円周が十二等分＝1つ分が30°というのもかなり有力なヒントです。いくら二等辺三角形を作っても3つのうち1つの角度はわからないといけないわけですが、その一つ分が30°とわかっていることで二等辺三角形のてっぺんの角が（30°のいくつ分という形で）わかって、残りの2つの角度に結びついていく、というイメージで考えられるわけです！ このように条件をしっかり生かして考えられるようになってもらいたいです！

ちなみにそれぞれの答えは、㋑は、（180－30×5）÷2＝15°からの180－（30＋15）＝**135度（答）**、㋒は（180－30×3）÷2＝45°からの180－（45＋60）＝**75度（答）**、㋓は（180－30×4）÷2＝30°からの180－（30＋90）＝**60度（答）**です！

問題49 補足板書

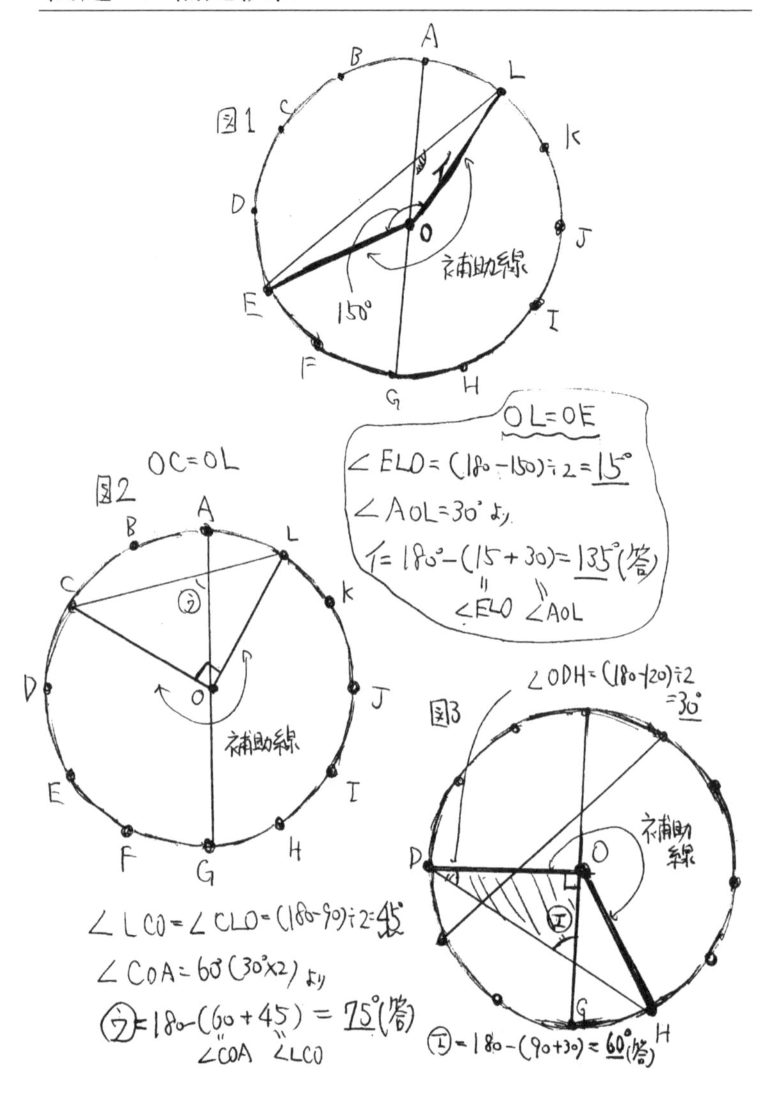

図1
A
B
C
D
E
F
G
H
I
J
K
L
O
150°
補助線
OL=OE
∠ELO=(180−150)÷2=15°
∠AOL=30°より
イ=180°−(15+30)=135°(答)
∠ELO ∠AOL
OC=OL
図2
補助線
∠LCO=∠CLO=(180−90)÷2=45
∠COA=60°(30°×2)より
ウ=180−(60+45)=75°(答)
∠COA ∠LCO
∠ODH=(180−120)÷2
=30°
図3
補助線
エ=180−(90+30)=60°(答)

問題 50 （鷗友）

図の三角形 ABC は、AC = 6 ㎝、BC = 10 ㎝です。また、同じ記号の角度は同じ大きさを表しています。

(1) CD の長さは何㎝ですか。

(2) AD の長さは何㎝ですか。

(3) CE の長さは何㎝ですか。

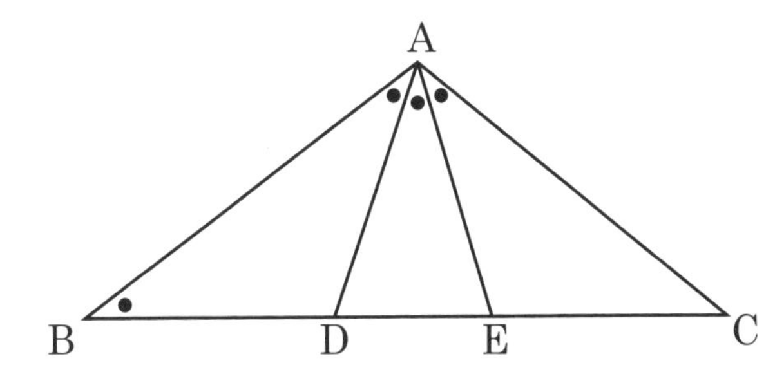

「ゴホンゲの、ヒゲも濃いけどもっと濃い解説 その50」

「補足板書」の方で是非図を確認しながら、読んでいってください。この問題では補助線を引かなくても問題は解けます。補助線を引くだけが算数の問題を解きやすくするわけではないのです（やみくもに引いただけの線ではむしろ効果がないどころか邪魔にさえなります）。この問題では、ここまで書いてきたような（問題を解きやすくするような）**よく出てくる頭の使い方が出来ているか、流れに乗せやすいような作業をきちんとしているか、よく使う図形パターンが隠れているのを利用出来ているか、是非ＣＨＥＣＫしてみてください！**

まず三角形ADBが足を入れるところの「スリッパ形」（問題3などで登場、**よく使う図形パターンその2**）を利用して角ADC＝●＋●＝●×2と書きます（**同じ角度の部分は同じ記号で書く←問題を解く流れに乗りやすくなる**）。

すると、角ADC＝角CAD＝●×2と表せ、三角形CADは二等辺三角形とわかるので、まずCDがACと同じで、**6㎝（答）**とわかります。

次に**（1）を利用すると**BD＝10－6＝4㎝とわかりますが、三角形DBAは角CBA＝角DABの二等辺三角形より、AD＝**4㎝（答）**です。

さてCEですが、**「スリッパ形」は（1）で見つけた以外にもあって、**

三角形ABEが足を入れるところのやつがあります。これを使うと、角AEC＝●2個＋●1個＝●3個とわかります！

すると（ここで「補足板書」に注目です！）三角形ACBと三角形ECAは、角BACと角AECが●3つで等しく、また角Cが共通で使っていて等しいので、実は相似とわかります！（**同じ角度のものを同じ記号で書くことは求角の問題でも大事ですが、面積や長さを出す問題で、合同や相似を見つける際にも大事ということです！**）となると、まずは相似比ですが、三角形ABCと三角形EACでは底辺BCとACの比が10：6＝5：3なので、AC：ECも5：3、つまりCE＝6㎝（AC）÷5×3＝**3.6㎝（答）**となります！

問題50 補足板書

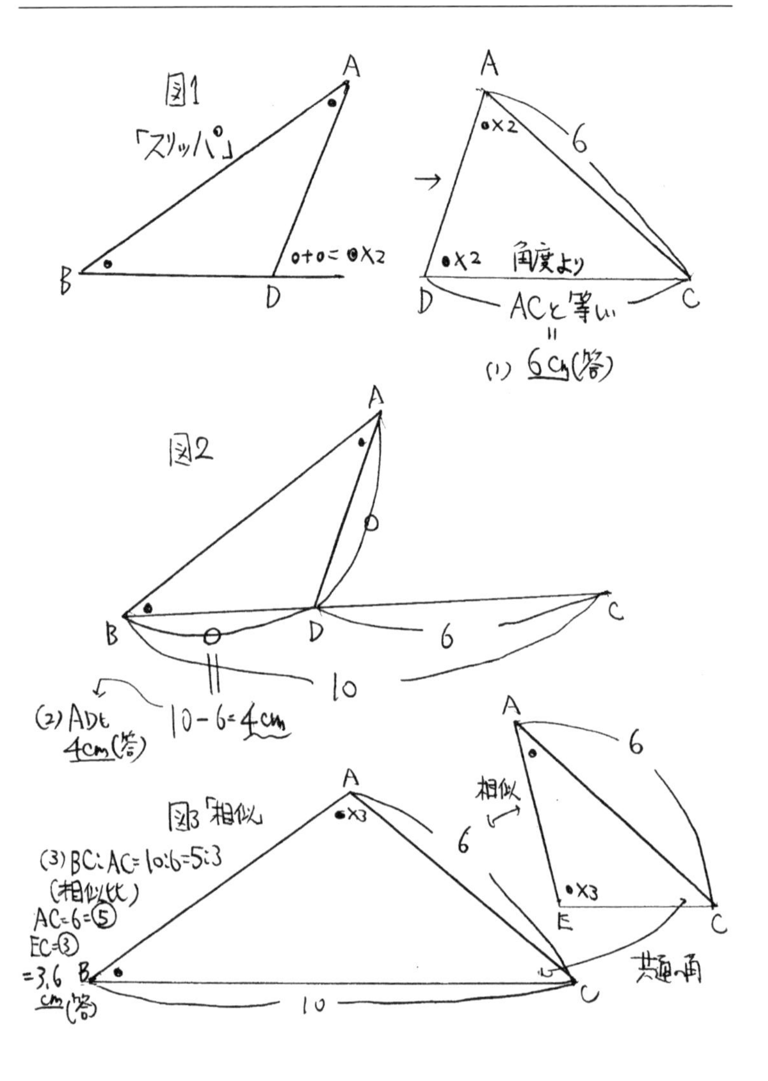

図1
「スリッパ」
A
B
D
○+○=●×2
A
●×2
6
→
●×2
角度より
D
C
ACと等しい
=
(1) 6cm(答)
図2
A
○
B
D
C
6
10
(2) ADも
4cm(答)
10－6=4cm
A
図3「相似」
●×3
6
(3) BC:AC=10:6=5:3
(相似比)
AC=6=⑤
EC=③
=3.6
cm(答)
B
C
10
A
6
相似
●×3
E
C
共通の角

問題 51 （六甲）

図のような四角形 ABCD があります。辺 AD と辺 CD の長さが等しいとき、四角形 ABCD の面積は何㎠ですか。

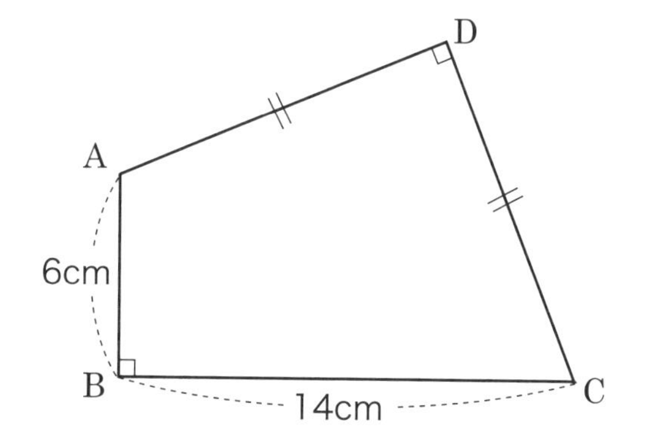

「ゴホンゲの、ヒゲも濃いけどもっと濃い解説 その51」

この図形を見た時にまず、**AとCを結んで2つに分けて考える**やり方を思いついた人も多いかもしれません。確かにそれはよく出てくる頭の使い方です。ただこの場合、2つに分けても直角二等辺三角形の面積の出し方がわかりません。ではどうするのか？

こちらもよく出てくる頭の使い方ですが、**「全体から不要な部分をひく」**の方もちょっと考えてもらいたかったです。えっ、不要な部分なんてないのにどうやって？ と思うかもしれませんが、**「全体から不要な部分をひく、という考え方に持ち込めるような線を引く」**わけです。つまり、「補足板書」図1に書いたように、**周りを長方形で囲んでしまうのです**。そして直角三角形を2つひけばいいのです。

と言うと、「え、でもその2つの直角三角形の面積なんてわかるんですか？」ってツッコミたくてウズウズしている人が多いかもしれません。いや、ちゃんとわかるんです。どうしてだと思いますか？この本に今までにヒントになること書いてありますよ。

そうです、問題34や42で出て来た**「モチ」（よく使う図形パターンその10）**です。2つの直角三角形を同じ記号で表せるところを●とか▲で表してみると……「補足板書」図2にあるように●＋▲＝90°で、2つの直角三角形はそれぞれ●と▲と90°の角を持つ角度が全部同じ相似な三角形、ということがわかると思います。

そしてそれにとどまらず、直角三角形の斜めの辺同士同じということは……**相似で相似比が１：１**、つまり**合同**ということになるのです！ そして**問題をを解く流れに乗りやすくなる用に同じ長さの辺を「補足板書」図３のように同じとわかるように**書きこんでいったら……短い辺と長い辺の差は 10 − 6 ＝ 4 ㎝そして短い辺と長い辺の合計は 10 ＋ 4 ㎝＝ 14 ㎝とわかるのです！ そしてこれで直角三角形の２辺は 4 ㎝と 10 ㎝とわかるので（和と差がわかったので和差算の考え方で求められます！）14 × 10 から 10 × 4 ÷ 2 × 2 個をひく式になって、140 − 40 ＝ **100 ㎠（答）**となるのです！

どうですか？「モチ」（よく使う図形パターンその 10）の持つパワー、思い知りましたか？

問題51 補足板書

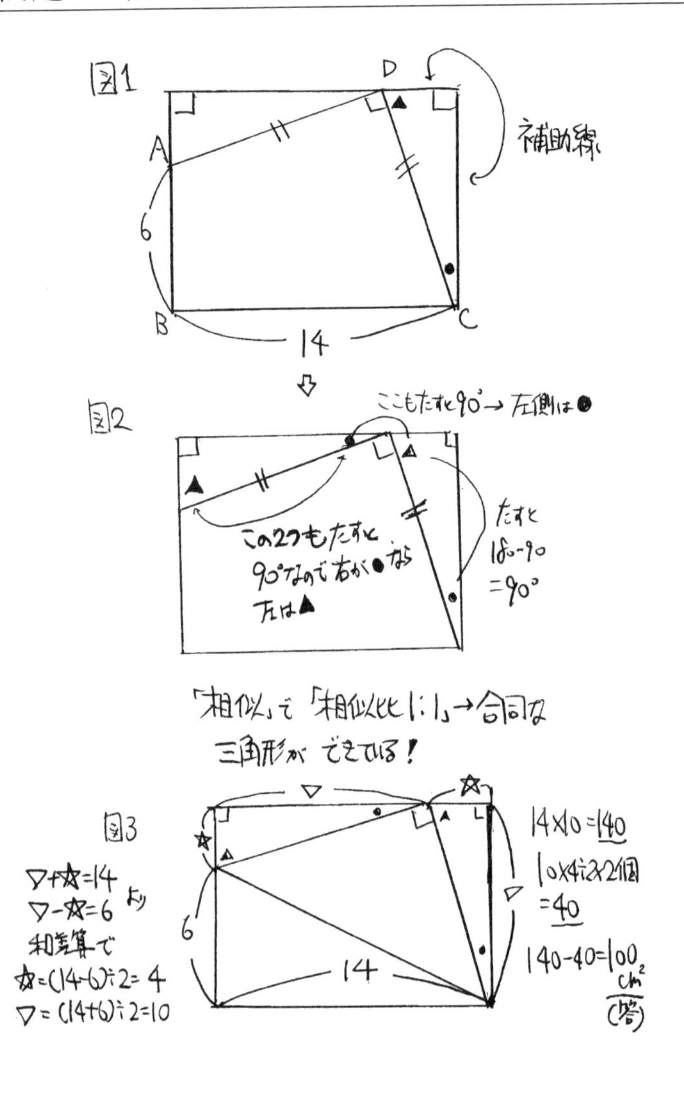

図1
D
補助線
A
6
B
14
C
図2
ここもたすと90°→左側は●
この2つもたすと
90°なので右が●なら
左は▲
たすと
180-90
=90°
「相似」で「相似比1:1」→合同な
三角形ができてる!
図3
▽+☆=14
▽−☆=6
より
和差算で
☆=(14−6)÷2=4
▽=(14+6)÷2=10
6
14
14×10=140
10×4÷2×2個
=40
140−40=100cm²
(答)

問題 52 （大阪星光学院）

下の図のような正方形があります。斜線部分の面積は□ ㎠です。

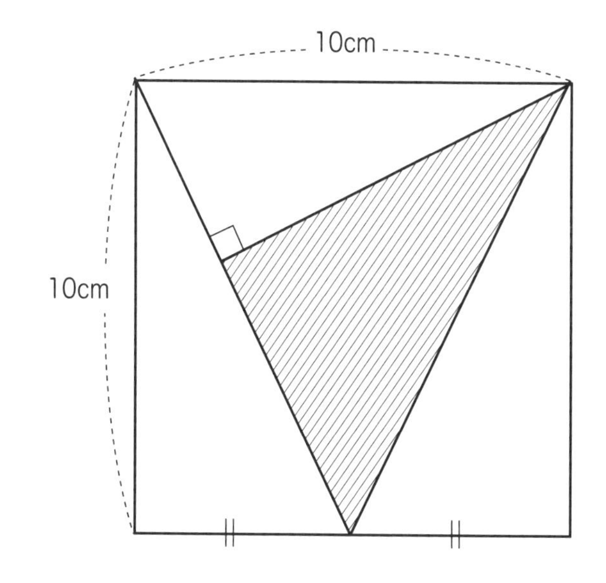

「ゴホンゲの、ヒゲも濃いけどもっと濃い解説 その52」

実は 10 × 10 ÷ 2 = 50 ㎠の**三角形から左上の不要な部分（白い三角形）をひけばいい**のです。ではどうやって白い部分の面積を求めればいいのでしょう？

その白い三角形の 10 ㎝の方を底辺として面積を求めるために**高さにあたる線を引いてみましょう**。えっ、そんなことしても高さを出せそうもないから無駄だって？ それこそやみくもに引いてるだけじゃないの？ って……でも今、高さの線を引いたことにより出来た形これまでに「よく使うパターン」で出てきませんでしたか？

そうです、問題 33 で出て来た「よく使う図形パターンその 9」です！ 33 の解説に何と書いてあったかあらためて見てみると、

「よく使う図形パターン９＝直角三角形の直角の頂点から直角三角形の一番長い辺に向かって垂直に線を引いた形」と書いてあります。そしてさらに、

「パッと見てどの角とどの角が同じとわかるとは限らないので、問題 14 や問題 25 の解説で書いた**『同じ角度とわかっているものを同じ記号で表す』**ことが大事」と書いてあります。

「補足板書」図 1 をご覧ください！ 全体の三角形（二等辺三角形）の 10 ㎝の辺を底辺とした時の高さの線を引いた時に、5 ㎝が底辺で 10 ㎝が高さの三角形２つに分かれるわけですが、今、白い部分

に線を引いた時に左側に出来た直角三角形というのが、２つの角度が同じなのでその底辺が５㎝で高さが 10 ㎝の三角形と相似なのです！ つまり、底辺（横の線）：高さ（縦の線）＝１：２なのです！

さらに、「補足板書」図２を見てください。全体からひこうとしている白い三角形の右側も左側の三角形、つまり縦：横が１：２の三角形と相似ですよね！するとその左側の三角形の縦：横＝①：②とすると、右側の三角形の縦：横が同じように１：２なので、縦＝②だから横は④にあたるわけです。

すると「補足板書」図３に書きましたが、横が①＋④＝⑤が 10 ㎝で（①＝２㎝)、縦が②＝４㎝だから、ひこうとしている白い三角形は 10 × ４ ÷ ２ ＝ 20 ㎠とわかるのです！ なので、斜線部分は 50 － 20 ＝ **30 ㎠（答）** となるのです！ 最近はこの「よく使う図形パターンその９」ちょくちょく見かけるので目に焼き付けておいてもらいたいと思います！

問題52 補足板書

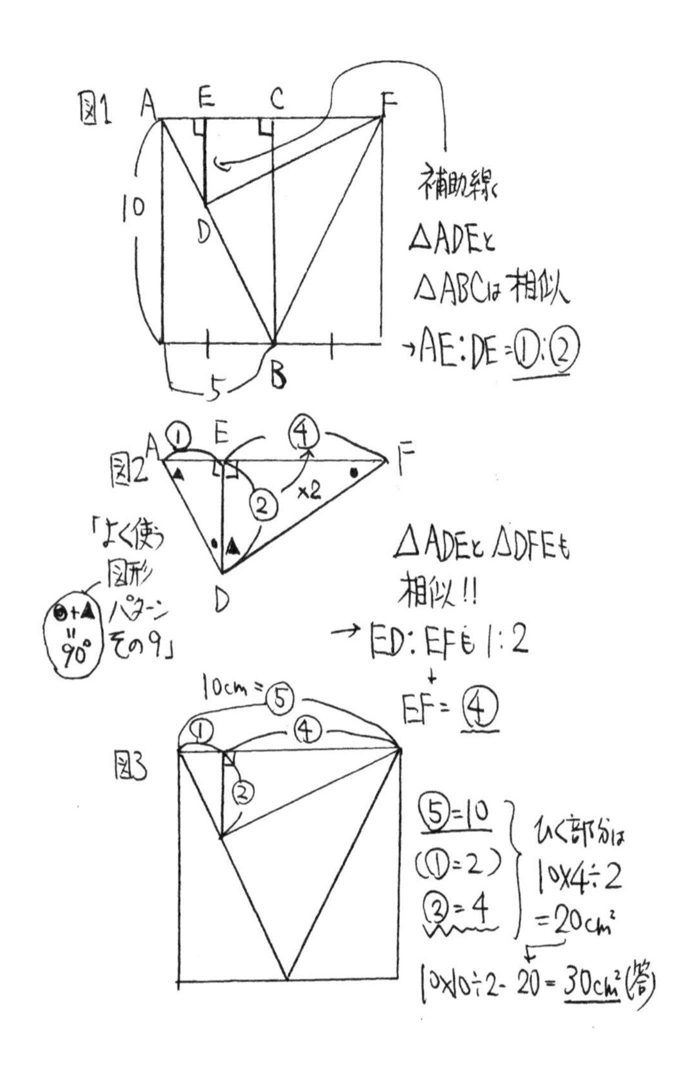

図1
A
E
C
F
10
D
B
5
補助線く
△ADEと
△ABCは相似
→AE:DE=①:②
図2
①
④
×2
②
「よく使う
図形
パターン
その9」
●+▲
=
90°
△ADEと△DFEも
相似!!
→ED:EFも1:2
EF=④
10cm=⑤
図3
⑤=10
(①=2)
②=4
ひく部分は
10×4÷2
=20cm²
10×10÷2-20=30cm²(答)

問題 53　（豊島岡）

図のように、縦 30 ㎝、横 58 ㎝の長方形 ABCD があります。四角形 EFGH は 1 辺の長さが 12 ㎝の正方形で、辺 FG が長方形の辺 BC 上にあります。また、点 A と G を結んだ直線の上に点 E があり、点 D と F を結んだ直線が辺 GH と点 I で交わっています。このとき、図の色のついた部分の面積は何 ㎠ですか。

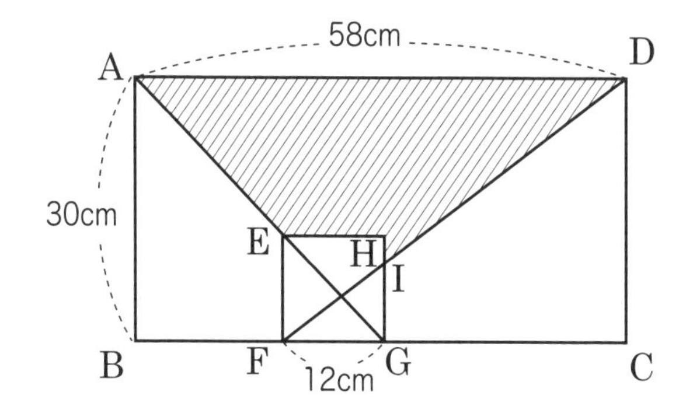

「ゴホンゲの、ヒゲも濃いけどもっと濃い解説 その53」

とにもかくにも問題文はまず**よく読みましょう！** そして**図をよく見ましょう！** 四角形EFGHは正方形であり、AGは正方形の対角線と重なる線ですから、三角形ABGも（角AGBが45°なので）直角二等辺三角形です。つまりBG＝30㎝です！

そしてそのBG＝30㎝はGC＝58－30＝28㎝というふうにつながっていきます！ そして、三角形FIGと三角形FDCが相似なわけですが（よく使う図形パターン6のうちのアとア＋イが相似の方です！→補足板書図1ご覧ください！）相似比は12：12＋28＝12：40で3：10なのでDC＝30㎝＝⑩とすると、GI＝③＝30÷10×3＝9㎝です。**ここでGIを上まで延長して斜線部を台形と三角形に分けると（面積の求められるいくつかの部分に分ける頭の使い方）**左側の台形は、（12＋30）×（30－12）÷2＝378㎠、右側の三角形は（30－9）×28÷2＝294㎠で、378＋294＝**672㎠(答)**ですね。2つの部分を合計するとき、21×(18＋14）＝**672㎠（答）**と分配法則でまとめることも出来ますね。

レベル5としては簡単？ と正直思われた方もいると思います(頼もしいです！）実は計算ミスとかで間違う人もいるかな、と思ってレベル5にしました。上記の解き方をした場合も分配法則でまとめられるので、ちょっとした工夫を惜しんでもらいたくないです。それでも上記の解き方であれば、（もし分配法則でまとめなかったとしても）それほど大変ではないと思うのですが以下の解き方でやった人は計算で苦労したかもしれませんね。

その解き方とはAGとFDの交点をJとすると、三角形JADから白い部分（正方形の4つに分かれてる部分のうち一番上の部分）をひく、というやり方に持っていけます**（全体から不要な部分をひく頭の使い方）**。「補足板書」図2をご覧ください！ 三角形JADと三角形JGFは**「よく使う図形パターン6」の8の字形**（Jがリボンの結び目）で、相似比が58：12＝29：6なので、三角形JADの面積を求めるのに必要な高さが30÷（29＋6）×29＝$\frac{174}{7}$と求められるのです。つまり三角形JADの面積は、58×$\frac{174}{7}$÷2＝29×$\frac{174}{7}$で求められます。

次にひく部分は**「よく使う図形パターン12（問題45で登場）」**のキキララを使って面積比から求められます。つまり横向きの8の字（リボン）になってますが（←気づきましたか？ **色々な向きで見るのは大事です！**）三角形IGJとFEJは相似で、相似比9（IG）：12（EF）＝3：4なので、それを使って補足板書に書いたように、正方形の4つの部分のうちひく部分は正方形を（3×4＋4×4）×2＝28×2＝56とすると、28－3×3＝19にあたるので、12×12×$\frac{19}{56}$＝18×$\frac{19}{7}$です！

つまり、答えは29×$\frac{174}{7}$－18×$\frac{19}{7}$で求められるのですが、この解き方だと計算が大変と思いレベル5にしました。ただ、この解き方でも分配法則で実はまとめられて$\frac{6}{7}$×（29×29－3×19）＝6×112＝**672㎠（答）**といけますね！

問題53 補足板書

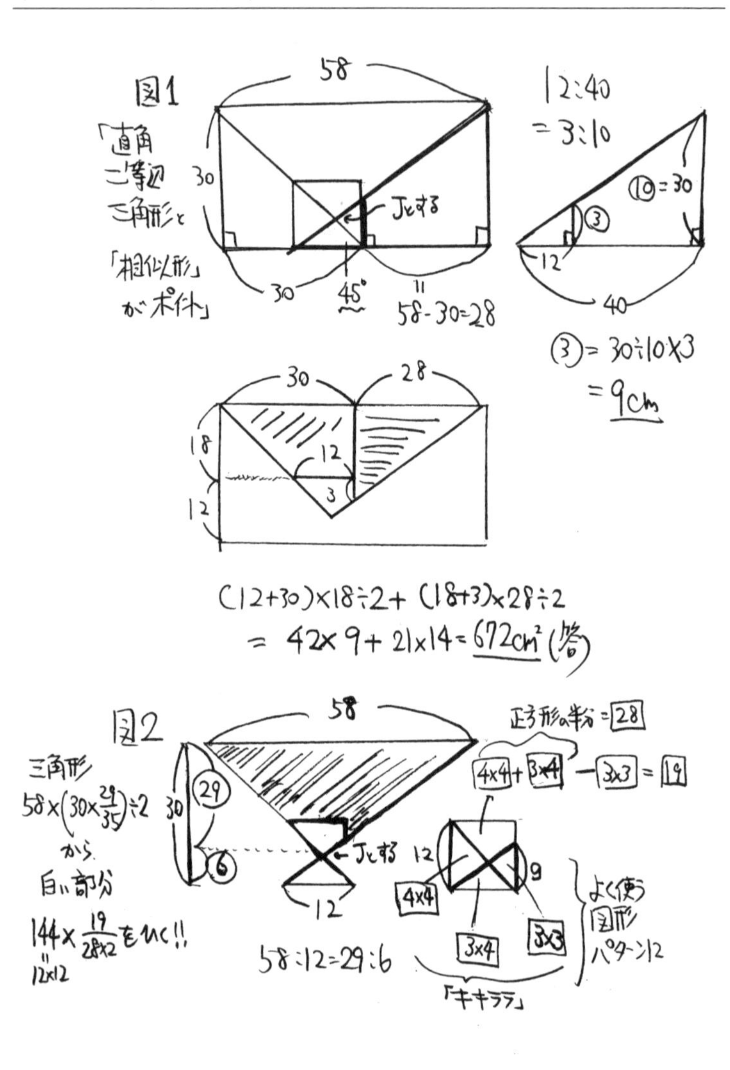

図1
「直角二等辺三角形と「相似形」がポイント」
58
30
30
45°
58-30=28
Jとする
12:40
=3:10
⑩=30
③
12
40
③=30÷10×3
=9cm
30
28
18
12
12
3
(12+30)×18÷2+(18+3)×28÷2
=42×9+21×14=672cm²(答)
図2
三角形
58×(30×29/35)÷2
から
白い部分
144×19/28×2をひく!!
12×12
58
30
㉙
⑥
Jとする
12
58:12=29:6
正方形の半分=28
4×4+3×4-3×3=19
12
9
4×4
3×4
3×3
「キキララ」
よく使う図形パターン12

問題 54 （ラ・サール）

三角形 ABC の辺 AB、AC 上にそれぞれ点 D，E があり、AD：DB ＝ 3：4、AE：EC ＝ 2：1 です。また、DE 上に DP：PE ＝ 3：2 となるように点 P をとり、AP の延長と辺 BC の交点を Q とします。このとき、次の比を求めなさい。

（1）三角形 PEC と三角形 ABC の面積の比

（2）AP と PQ の長さの比

（3）BQ と QC の長さの比

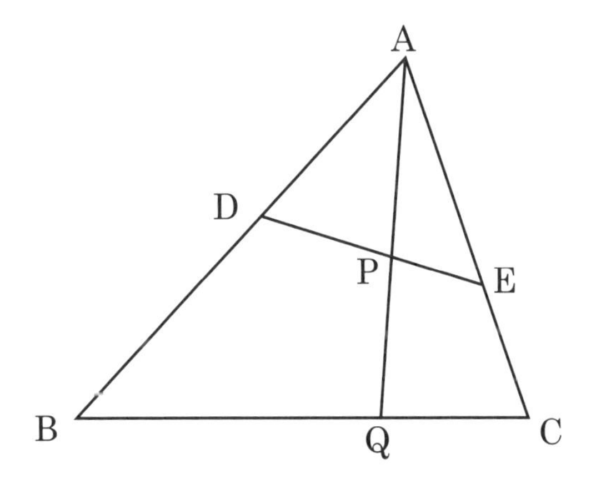

「ゴホンゲの、ヒゲも濃いけどもっと濃い解説 その54」

元々PとCを結ぶ線は引いてないわけですが、(1)で三角形PECと三角形ABCの面積比を聞かれているので、**PとCを結ぶ線**を当然引いてくれてはいると思います。ただこの線には、三角形PECを作る以上の意味が隠されています。わかりますか？

「Pを天井として、ACの方を床とする」そういう向きで見ると三角形PEAと三角形PECが高さの等しい三角形になっていますね**(よく使う図形パターン7)**。するとAE：EC＝2：1も生かすことができて、この2つの三角形の面積比はそれぞれ②、①とおくことが出来ます(「補足板書」図1)。

もっともそこからどうやって全体と比べる方向に持っていくかというと、**「よく使う図形パターンその8←問題21で初登場」**が隠れていることに気づけると簡単です！ つまり、三角形ADEが全体と比べて$\frac{AD}{AB}\times\frac{AE}{AC}=\frac{3}{7}\times\frac{2}{3}=\frac{2}{7}$にあたることになります！

すると三角形PEC＝①、三角形PEA＝②とおいた流れを生かすとDP：PEの3：2を利用して、(三角形ADPと三角形AEP＝②も高さが等しいので)三角形ADP＝③とおけるので、③＋②＝⑤(三角形ADE)が全体の7分の2にあたるので、全体は⑤÷$\frac{2}{7}$で「(17.5)」にあたるわけです！ つまり、(1)は三角形PEC：全体＝①:「(17.5)」＝**2:35(答)**となります！(「補足板書」図1)

(2) ですが、(1) 同様**PとBを結んでしまうと**グッと答えに近づきます。これにも勿論意味があって、「Pを天井としてABを底辺（床）として考えると」**三角形PAD：三角形PBDがAD：DBを生かして面積比が3：4とわかりますよね。**すると (1) の流れで考えると三角形PADが③なので三角形PBDは④にあたるわけです！ すると三角形APC＋三角形APB：三角形CPQ＋三角形BPQ＝①＋②＋③＋④：「17.5」－（①＋②＋③＋④）＝10：7.5＝4：3なので、もうこれで**AP：PQ＝4：3（答）**となります。なぜなら、AP：PQが4：3なら、高さが等しい三角形APC：三角形CPQが4：3になり、また左側の高さが等しい三角形APB：三角形PQBも4：3になり、結局、三角形APC＋三角形APB：三角形CPQ＋三角形BPQ＝4：3になるからです！

そして (3) ですが、PとCを結んだのと、PとBを結んだのにはもう一つ意味があって、問題41に出て来た**「よく使う図形パターン11」**の「カサ」が出来ているのに気づきましたか？「補足板書」図3に書きましたが、(3) はこの「カサ」を使って、BQ：QCは三角形ABPと三角形ACPを比べて③＋④：②＋①＝**7：3（答）**で瞬殺ですね！

問題54 補足板書

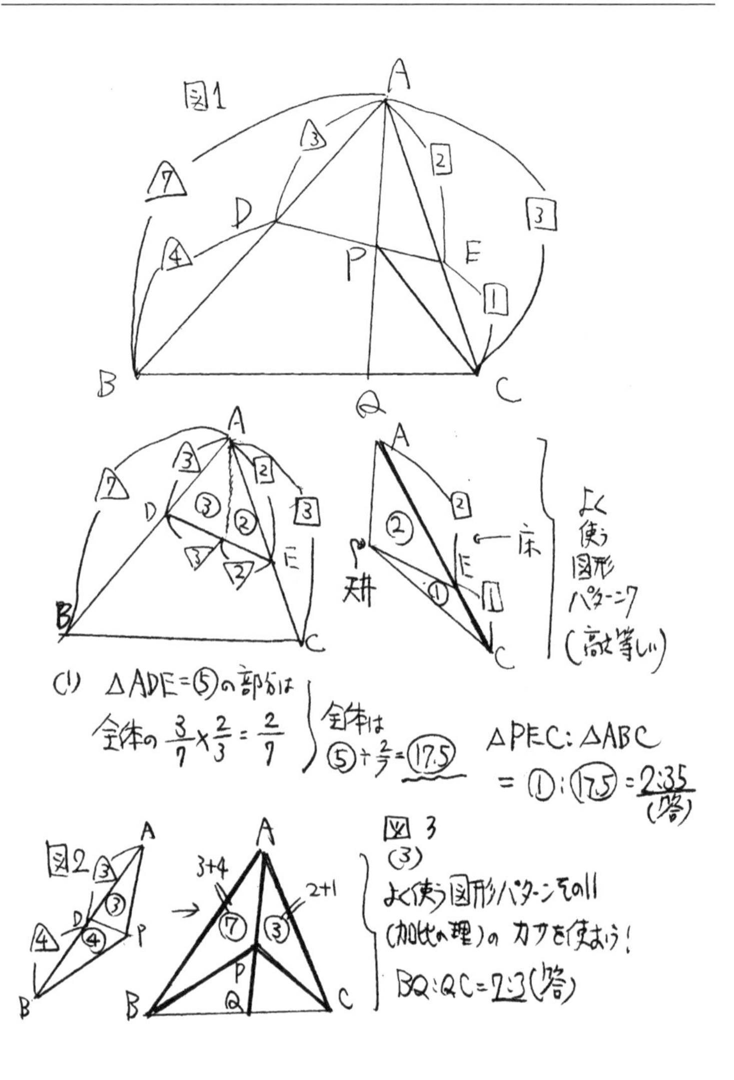

図1
A
D
P
E
B
C
Q
よく使う図形パターン(高さ等しい)
天井
床
(1) △ADE=⑤の部分は全体の 3/7×2/3=2/7
全体は ⑤÷2/7=17.5
△PEC:△ABC=①:17.5=2:35(答)
図2
図3
(3)
よく使う図形パターンその11(加比の理)の力を使おう!
BQ:QC=7:3(答)

問題 55 （灘）

図で、

(AC の長さ)：(AD の長さ) ＝1 ： 1

(AB の長さ)：(BE の長さ) ＝1 ： 2

(BC の長さ)：(CF の長さ) ＝1 ： 3

です。このとき、三角形 ADG の面積は、三角形 ABC の面積の□倍です。

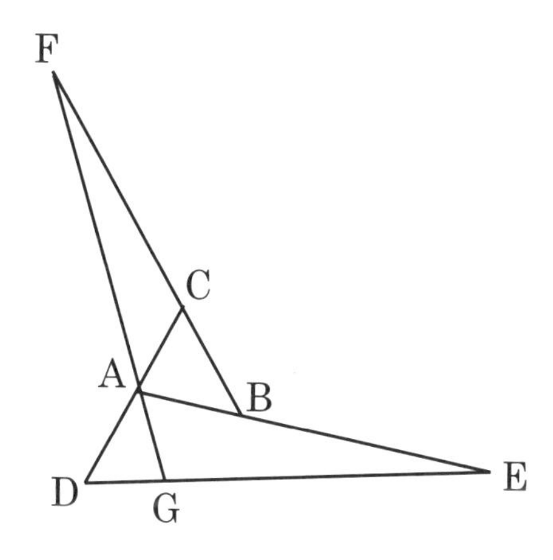

「ゴホンゲの、ヒゲも濃いけどもっと濃い解説 その55」

前の問題54あたりにしても、「えっ、そことそこ比べないといけないの!?」みたいな感想を途中で持たれた人もいるかもしれませんね。シュートを決めるまでの動きが直接ゴールに行き着くような動きでいつも進んでいくとは限らないのが算数とサッカーは似ていると思います。丹念に条件からわかることを導き出していって、そうやって情報がつながりを持っていって答えへと近づいていきます。前にも書いたようにパスを回しながら得点へのきっかけを探るような「ていねいさ」が必要なこともあります。

今回の55番も三角形ABCと三角形ADGはCDを底辺と考えたときに高さがそろっていないため比べにくいです。よって直接比べることにこだわらず、条件を生かして他の部分との関係がどうなっているかを探りながら答えへの糸口を見つけ出してもらいたいです。

「補足板書」(図1)をご覧ください! 自分は、**DとF、FとE、CとE、をそれぞれ結んでみました**。**高さの等しい三角形=「よく使う図形パターンその7」があちこちに出来ていますね**。そして三角形ABCを①とすると、AB:BE = 1:2より三角形CBE =②、(底辺を今度はBFと考えて) BC:CF = 1:3より三角形BCEの3倍で三角形ECF =⑥、三角形ACFは三角形ABCの3倍で③で、(底辺を今度はCDと考えて) AC:AD = 1:1より三角形ADFは三角形ACFと等しく③と表せます。

そしてDとFを結んだ線、EとFを結んだ線にはこれ以上の意味が見つけられるのです！ わかりますか？「補足板書」（図2）を見てください！ 前回の問題54でも出て来た**「よく使う図形パターン11」**＝カサが出来ているのです！ そして、三角形FADと三角形FAEを比べると、DG：GEが求められます！ DG：GE＝③（三角形DAF）：①＋②＋③＋⑥（三角形EAF）＝1：4です！ なのでそれを生かして三角形ADGを「1」、三角形AGEを「4」とします。

ここで「補足板書」図3ご覧ください！ 辺CDを底の方とみると、三角形EADと三角形EACが1：1とわかります！ つまり三角形ADE＝「5」と、三角形CAE＝③が等しいのです！ これで「しかく」と「まる」の記号がそろえられるので、答えが求められます。つまり「しかく」を「まる」にするには0.6倍すればいいので、三角形ADGは「1」＝「(0.6)」と求められます！ なので三角形ADG（(0.6)）は三角形ABC（①）の $\frac{3}{5}$ **（答）**なのです！

問題55 補足板書

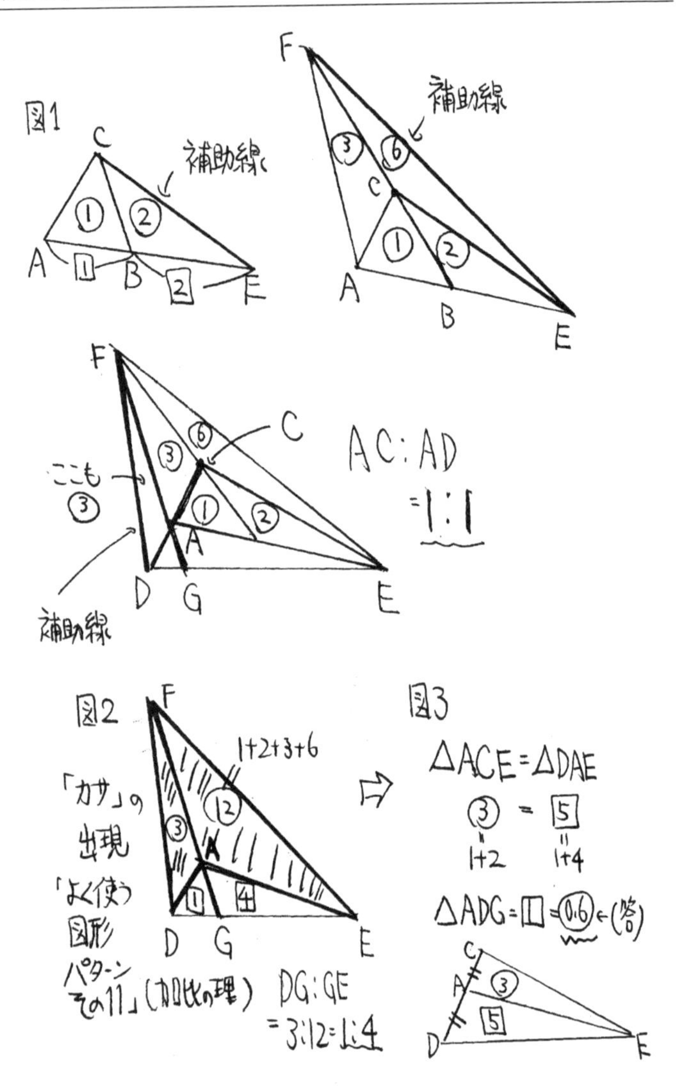

図1
C
補助線
①
②
A
1
B
2
E
F
補助線
③
⑥
C
①
②
A
B
E
F
⑥
C
③
ここも
③
①
②
A
D
G
E
補助線
AC:AD
=1:1
図2
F
1+2+3+6
「カサ」の
出現
⑫
③
A
「よく使う
図形
パターン
その11」(加比の理)
1
4
D
G
E
DG:GE
=3:12=1:4
図3
△ACE=△DAE
③ = 5
1+2 1+4
△ADG=1=0.6←(答)
C
A
③
5
D
E

レベル1
レベル2
レベル3
レベル4
レベル5

問題 56 （昭和秀英）

１辺の長さが４㎝の正方形 ABCD において、辺 AB、BC、CD、DA のまん中の点をそれぞれ E、F、G、H とする。影のついた部分の面積を求めなさい。

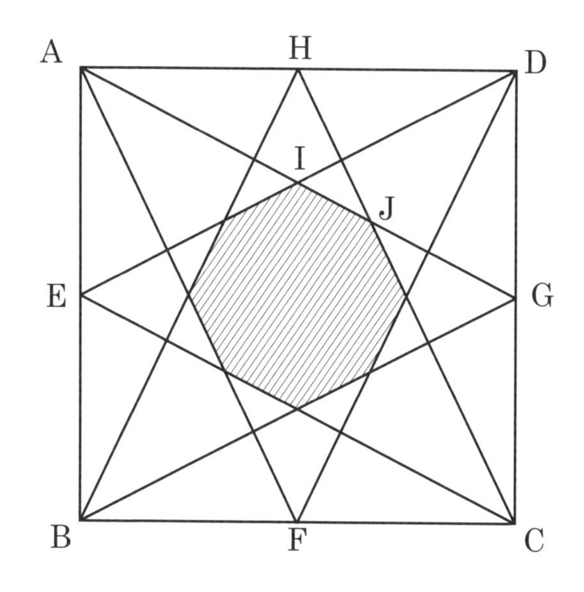

「ゴホンゲの、ヒゲも濃いけどもっと濃い解説 その56」

「正方形全体から不要な部分をひく」頭の使い方でいけます。その不要な部分の面積を求めるのに、**「面積の求められるいくつかの部分に分ける」**といいです。例えば（「補足板書」図1に書きましたが）、三角形IDGと同じ大きさの三角形4個と、三角形JGCと同じ大きさの三角形4個に分けることが出来ます。三角形JGCや三角形IDGは底辺は2㎝と考えればいいので、**あとは高さが必要ですが「比を使って」求めていけばいいです。**

と、このように、難しいこの問題も「よく出てくる頭の使い方」を組み合わせて使うことで切り抜けることが出来ます。

あとは具体的に三角形IDGと三角形JGCの高さを求めていきますが、「補足板書」図2に書きましたが、三角形IDGの高さを求めるには**「よく使う図形パターン6」の8の字**（リボン）を使えばよいです。Iがリボンの結び目の三角形AIEと三角形IDGを利用して、相似比が1；1なので高さも1：1つまり4㎝÷（1＋1）×1＝2㎝が三角形IDGの高さでいいわけです。すると三角形IDGの面積は、

2×2÷2＝2㎠です。

三角形JGCについては、それこそ**「補助線を引いて」リボンを作ります。Jが結び目のリボンが欲しいわけです**。「補足板書」図3に書きましたが、CHとBAを延長すればいいです。ぶつかった点をKとします。その時に例えば問題32と同じように、リボンが実は2組出来ています。三角形KAHと三角形CDHが相似で相似比が1：1（AH：HDと同じ）なのでAKがCDと等しくて4㎝とわかります。すると三角形JAKと三角形JGCのリボンで相似比はAK：CG＝2：1なので高さも2：1つまり、三角形JGCの高さは4÷（2＋1）×1＝$\frac{4}{3}$㎝とわかります！

よって斜線部の面積は$4\times4-\left(2+\frac{4}{3}\right)\times4$個＝**$\frac{8}{3}$㎠（答）**となるのです！

問題56 補足板書

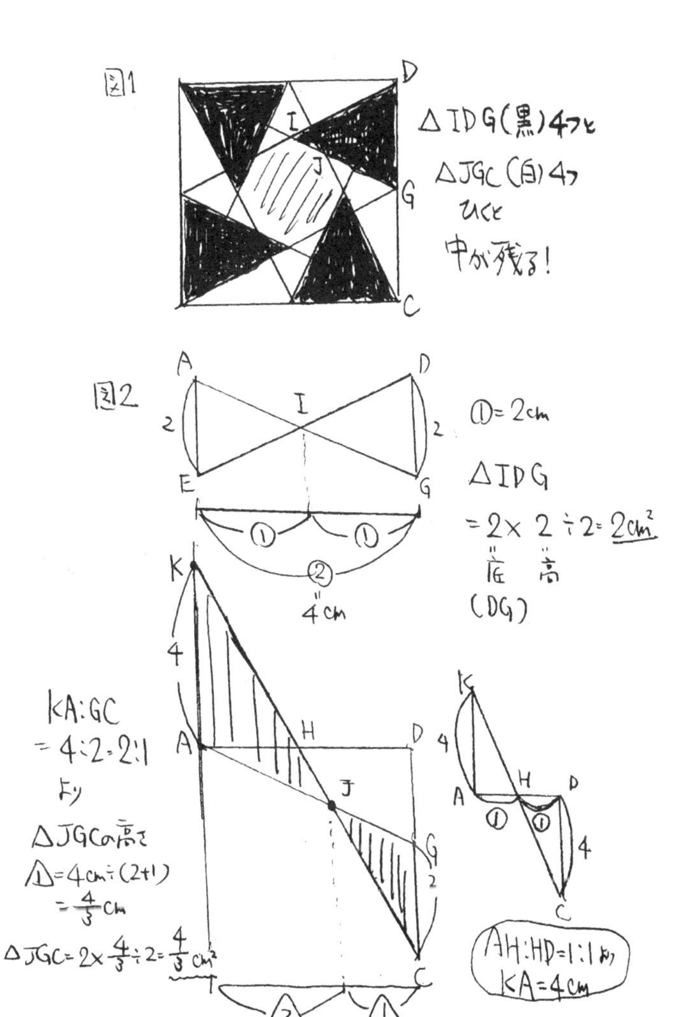

図1
D
I
J
G
C
△IDG(黒)4つと
△JGC(白)4つ
ひくと
中が残る!
図2
A
D
I
2
2
E
G
①=2cm
△IDG
=2×2÷2=2cm²
底 高
(DG)
①
①
②
4cm
K
4
KA:GC
=4:2=2:1
より
A
H
D
J
G
△JGCの高さ
①=4cm÷(2+1)
=4/3cm
2
△JGC=2×4/3÷2=4/3cm²
C
2
1
K
4
A
H
D
①
①
4
C
AH:HD=1:1より
KA=4cm

問題 57 （問題 57 ～ 58 は洗足学園）

平行四辺形 ABCD の向かい合う辺をそれぞれ３等分、４等分し、図のようにE、F、G、Hとします。HF 上に点Pをとり点E、Gと結びます。このとき、四角形 AEPH の面積は４㎠、四角形 EBFP の面積は８㎠になりました。四角形 PFCG の面積は何㎠ですか。

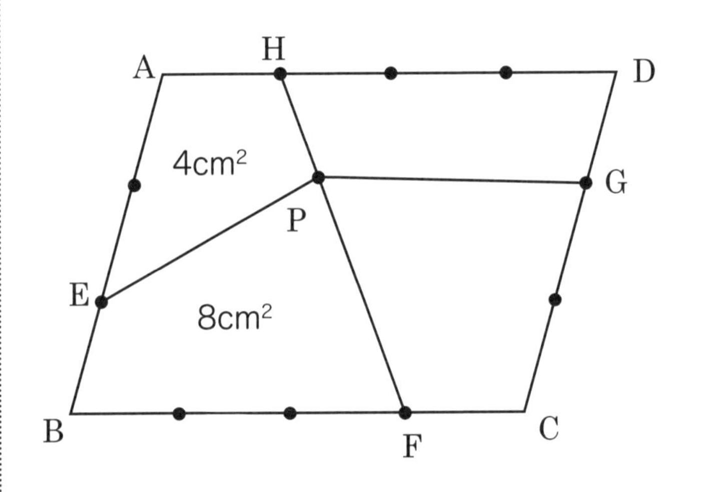

「ゴホンゲの、ヒゲも濃いけどもっと濃い解説 その57」

まず、台形ABFHと平行四辺形ABCDは高さが等しい図形なので、底辺比＝面積比。底辺比は$1+3:4\times2=4:8=1:2$。つまり平行四辺形は台形の面積の倍で12㎠×2＝24㎠ということには気づいてもらいたいです。

そして、BとDを結んで作った平行四辺形の半分の三角形（三角形ABD）と**EとHを結んで作った**三角形AEHは大きさを比べることが出来ます（「補足板書」図1）。つまり三角形ABDに対して、三角形AEHは、**「よく使う図形パターン8**（たけのこの里＝問題21で初登場）」を使って考えると$\frac{2}{3}\times\frac{1}{4}=\frac{1}{6}$にあたるので、12㎠$\times\frac{1}{6}=2$㎠とわかり、つまりこれによって三角形EPHが$4-2=2$㎠とわかります。

同様に、AとCを結んでつくった平行四辺形の半分の三角形（三角形ABC）に対して**EとFを結んで作った**三角形EBFは$\frac{1}{3}\times\frac{3}{4}=\frac{1}{4}$にあたるので、12㎠$\times\frac{1}{4}$で3㎠とわかるので、三角形EPFは$8-3=5$㎠とわかります！（「補足板書」図2）

これで「補足板書」（図3）に書きましたが、三角形EPH：三角形EPF＝2：5より、HFを**底辺の向きで見ると**HP：PF＝2：5とわかるのです。つまり、三角形GPH：三角形GPFも面積比は2：5になるのでそれを使って四角形PFCGを求めることが出来そうです。

三角形HDGは三角形ACD（12㎠）の$\frac{3}{4}\times\frac{1}{3}=\frac{1}{4}$で3㎠。三角形FCGは三角形BCD（12㎠）の$\frac{1}{4}\times\frac{2}{3}=\frac{1}{6}$で2㎠。なので、三角形HGFは12－2－3＝7㎠。そして三角形PGFははFHの方を底辺と見ると、7㎠÷（2＋5）×5より5㎠とわかるので、四角形PFCGは5㎠(三角形PGF)＋2㎠(三角形FCG)で**7㎠(答)**となるのです！

（この問題に関しては、別解をもう1枚補足板書を使って解説します。そちらも是非ご覧ください）やはり問題によっては答えまで瞬殺でたどり着くというわけにはなかなかいきませんが、条件を生かしてわかることをしっかり求めていったり、「よく出てくる頭の使い方」や「よく使う図形パターン」を活用していくことで、答えへの手がかりを見つけていって、パスがつながって最後にシュートを決める！ という感じで、ていねいに取り組みましょう！

(別解は、この問題で、問題17で登場した「よく使う図形パターン5（等積変形)」が有効であることを示すために載せました。ただし、この別解は結果的にその後の展開が難解にはなってしまいます)

問題57 補足板書

【その1】

以下 四角形PFCG＝7cm²（5+2）の理由

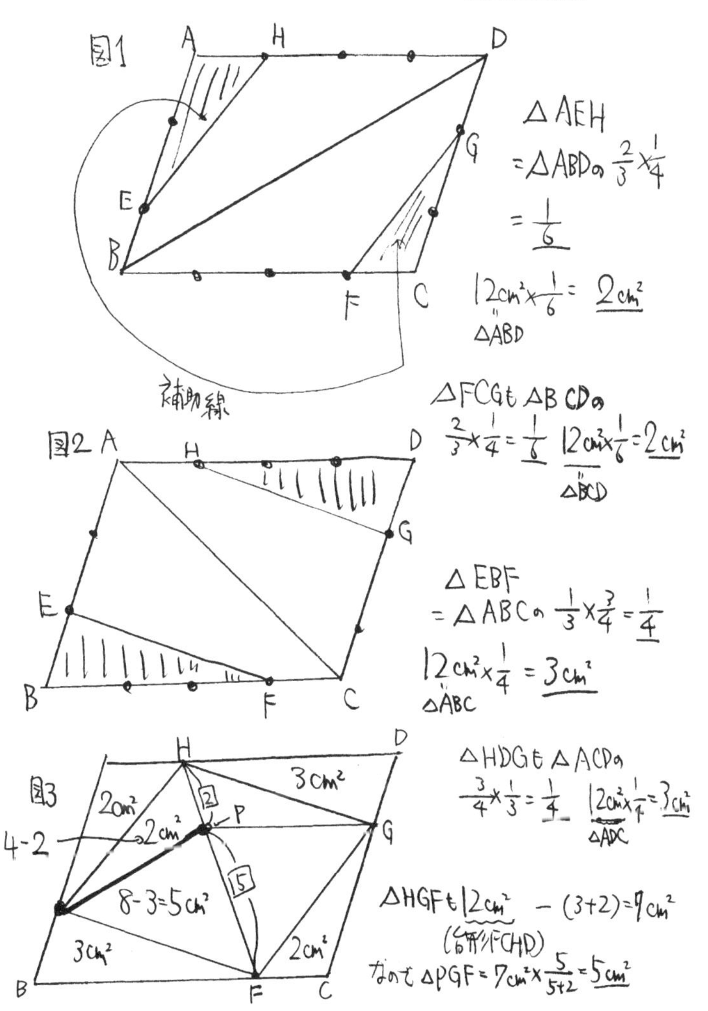

問題57 補足板書

【その2】

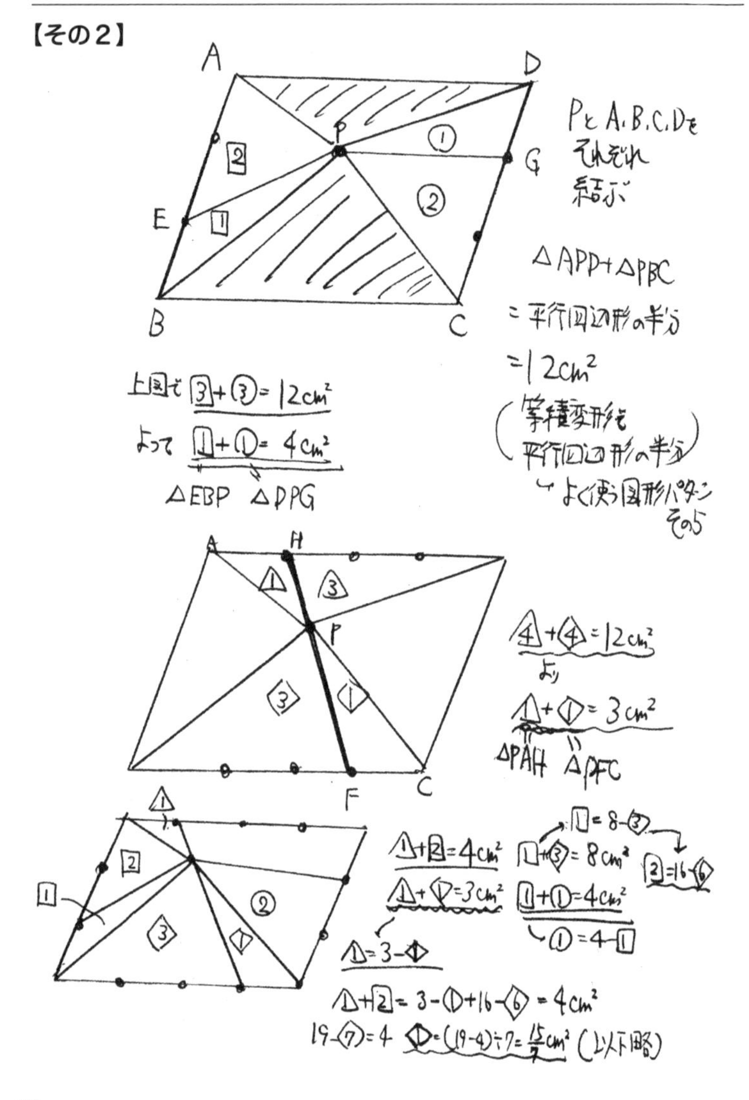

問題 58

図のように、１辺の長さが６㎝の正三角形を４つの部分に分けました。斜線部分全体の面積は、中央の小さな正三角形の面積の何倍ですか。

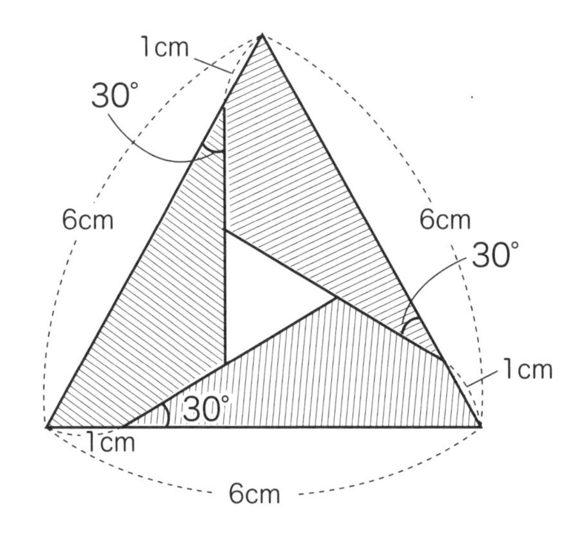

レベル1
レベル2
レベル3
レベル4
レベル5

「ゴホンゲの、ヒゲも濃いけどもっと濃い解説 その58」

いよいよ図形の問題としては、最後の問題になりました。最後まできちんとまずは問題文をよく読み、図をよく確認して条件をきちんと生かしていきましょう！ 元々の正三角形の60°は勿論生かしたいところですが、それ以外に30°と指定されている部分がありますね。斜線部は三つの合同な図形から出来ていますが、その一つ分というのは、「補足板書」図1に書きましたが、30°、60°つまりもう一つは90°の正三角形の半分の形（一番長い辺が6－1＝5㎝で一番短い辺がその半分で2.5㎝）のものから、真ん中の辺の長さが1.5㎝の正三角形の半分の形（重なった部分）をひいたもの、ということが言えます。それが3つ集まったのが斜線部ということになります。

重なった部分をひかないで面積比を求めた場合、斜線部のひとつ分は全体（1辺が6㎝の三角形）と比べて、「よく使う図形パターンその8」の考え方が使えるので、全体の$\frac{5}{6}\times\frac{2.5}{6}=\frac{25}{72}$になります。あとはそこから重なった部分をひいて3倍すればいいわけですから、要は重なった部分が元の正三角形の何倍にあたるかがポイントになります。

説明は文章の力に頼るのがかなりハードな状況なので、「補足板書」図2をよく目で追ってもらうとして、ポイントは重なった部分について**「よく使う図形パターンその9（問題33や52で登場）」の状況に持ち込めるよう補助線を書きこんで考えてみることです**。最近ちょくちょく見かけるパターンなので問題52やこの問題で是非練習してみてください！その結果補足板書にあるように、重なった部分は全体の24分の1にあたるとわかって$\left(\frac{25}{72}-\frac{1}{24}\right)\times 3=\frac{66}{72}=\frac{11}{12}$なので、結局斜線部分は、$\frac{11}{12}\div\left(1-\frac{11}{12}\right)=$ **11倍（答）**にあたるのです！**（ポイントは、補足板書のア＋イと書いた部分が（1.5÷6）×（0.75÷6）で正三角形と直接比べられて、そのア＋イと比べて、重なる部分つまりア＋イ＋ウがそのア＋イの$\frac{4}{3}$倍と考えればよいということです）**

問題58 補足板書

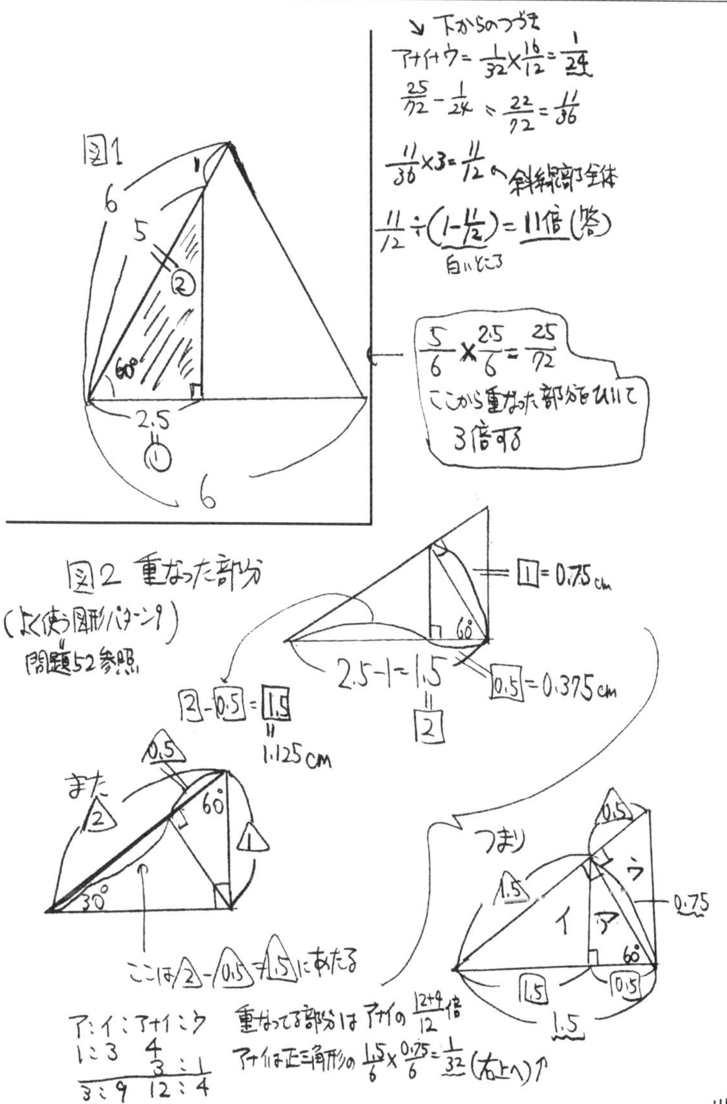

レベル1 レベル2 レベル3 レベル4 レベル5

問題 59（立教女学院）

1本32円の鉛筆と1本73円の色鉛筆と1本108円のボールペンがあります。

色鉛筆を何本かと鉛筆とボールペンを同じ本数で3種類を買い、合計の金額は1217円でした。このとき、鉛筆とボールペンは①□本ずつ、色鉛筆は②□本で、あわせて③□本買いました（①、②、③にそれぞれあてはまる数を答えましょう）。

「ゴホンゲの、ヒゲも濃いけどもっと濃い解説 その59」

章の最後の恒例の図形分野以外からの問題です。今まで同様「つるかめ算系」の問題と思えます。ただ実は合計の個数はわかっていないのですが。ただ3種類以上ある状況は、問題35と似ていますから、同じように個数が同じになっているものを「平均何円」という形でまとめて**2種類に持ち込む**ことは出来そうです。すると32円と108円のやつが同じ個数ずつあると平均は真ん中の70円になるので、「平均」70円の書くものと73円の色鉛筆が合わせて1217円分あるという問題になります。

このとき、合計の個数がわかっていないので普通のつるかめのようにはいきませんが、2種類になったことにより実は個数についての推理がしやすくなりました。というのは平均70円のものがいくら売れても、合計の1の位は0円になるはずなので今回1217円ということは、73円のを9本買った（19本だと1217円は超えてしまう）と特定できるわけです。すると平均70円のものは1217－73×9＝560円買ったとわかるので、560÷70＝8本、つまり8÷2＝4本ずつ買ったことがわかり←①の答、②の答は9本　③は8＋9＝17本ということになるのです！

この問題をとりあげて最後に伝えたかったことは、この問題は最終的には普通のつるかめ算とちょっと違う形になりました。しかし、3種類のものを2種類のものにしてやっぱり解きやすくなったように、つるかめ算的な問題では3種類を2種類に持っていくというのが答えに近づくのに有効な「よく出てくる頭の使い方」だということになります。立ち返ってやはり有効な頭の使い方、有効なパターンをモノにしていくことで、その状況に持ち込むような有効な補助線を引くことが出来るようになっていくということなんです。やみくもに線を引くことが補助線を引く練習ではないことを心に留めてこれから頑張っていってください！

コラム5

カリ
カリ…
カリ
カリ…
ねぇ…
1.25をひっ算するつもり…?
はっ!
うわぁあぁ
×5/4!!
ガシ
ガシ
ガシ
だよね！
もう少しだよ
がんばって算数脳!!
消しゴム
これからは
数学脳！

コラム5

ゴホンゲの、のほほん気(げ)　PART 5

LEVEL5お疲れ様でした！ やり抜きましたね！ 是非その自信を胸に、本番の中学入試でもよい成果を収めて頂けたら、と思います！ということで今回の作品、中学入試を終えた主人公が計算練習に取り組んでいて、3.2 × 1.25を工夫しないで筆算で取り組んでいる……という作品ですね。$3.2\times\frac{5}{4}$ならすぐ0.8 × 5に持っていけて答が4、と秒殺できるのに！ ってことですよね。

この本では**「条件を生かすことの大切さ」**を図形の問題を題材に訴えてきましたが、他の分野の問題であっても、単にこういった計算問題であってもその重要性は変わらないと思います。ちなみに私ゴホンゲがよく授業でネタにするのが、「0.375 × 0.625は？」「$\frac{1}{5}+\frac{5}{8}$は？」

前者なら（$0.375=\frac{3}{8}$、$0.625=\frac{5}{8}$，$0.2=\frac{1}{5}$をよく使うので覚えている……という前提で）あえて両方分数同士に直してかけ算して$\frac{15}{64}$とやれば秒殺ですし、後者は分数同士でそのまま計算しても大した時間がかかるわけではないですが、**「通分をしないといけないので」**それを避けて0.2 + 0.625 = 0.825と小数同士で処理した方が若干速いかもしれないですね。これも$\frac{1}{5}$や$\frac{5}{8}$を足すという**設問の条件**から言って、「分数のたし算なら分母が違えば通分しないとい

けない」という風に結びついていったら小数同士で足すやり方の方がむしろ速いかも、という結論になっておかしくない、ってことなんです。

中学にいったら算数ではなく数学ということで勉強をしていくわけですが、数学の方が使える知識がより広くなり、その分色々な公式が使えるようになっていきます。**問題の条件を正確に読み込むことが公式を正しく使うことにつながるわけですから**、問題をよく読んで条件を生かす、という勉強のあり方は続けていってもらいたい！と思います。

また逆に言うと算数の方が**使える知識が狭い分、色々工夫をしたり「意味を考えて対応する」**必要があります。例えば数学なら半径がルート 10 の円の面積ならルート 10 ×ルート 10 ×円周率＝ 10 ×円周率になりますが、算数ならルートは使えないので同じ問題を「半径×半径＝半径を 1 辺とする正方形の面積のことだから、その面積の 3. 14 倍が円の面積と考え 10 × 3. 14 という式を作るわけです。

この「意味を考えて対応する」というのは数学の公式や考え方を理解する上でもきっと役に立つでしょうし、また今後むしろ実生活の中で役に立っていくことも少なくないと思います！ 是非中学受験の勉強を今後の中学以降の勉強や生活の糧にして頑張っていってもらいたいと思います！

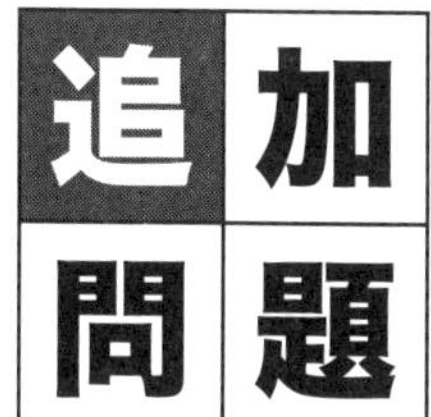

問題 60 （八王子学園八王子〈東大医進〉2020）

下の図は、半径が２㎝の半円です。斜(しゃ)線部分の面積は何㎠ですか。

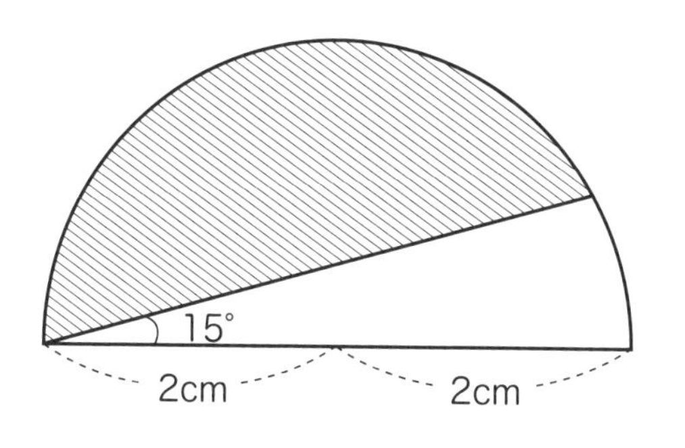

「ゴホンゲの、ヒゲも濃いけどもっと濃い解説 その60」

増補改訂版ということで、３年前の出版時から問題を５問追加することになりました！ その追加分の問題でこの本のまとめをするので、これからの算数の勉強に役立ててください！ レベルは毛３本から毛５本の間で問題60は毛３本です！ 問題60は「算数の問題は無数にありそうだけど、よく使う考え方自体は有限で、色々組み合わせることで無数の問題が出来る」それがよくわかる問題です。補足板書にあるように半円の中心ＯからＢへ、**半径の補助線を引きます。**問題７等で出てきたおなじみの考え方ですが、「半径の補助線で区切っておうぎ形の中心角をはっきりさせる。」それが面積を求めることにつながります！

ただその中心角を求めるのに実は、半径のOAとOBが等しいことを利用した**二等辺三角形OABの力もお借りする**ことになります！ 角OABだけでなく角OBAも15度とわかるので、中心角が180度－15度×２＝150度と出ます！ 二等辺三角形は角度の指定などがないとパッと見で判別出来るとは限らないので、「よく使う図形パターン」にはあえて指定しなかったのですが……頼りになるやつなのでしっかり使いこなしてください！

あと実は「スリッパ」（**よく使う図形パターン２（問題３等で登場！**）も隠れていて、三角形OABの外角は15度×２＝30度とわかります！ その後、中心角150度のおうぎ形から三角形OABをひく時に、三角形OABの**高さの線を引くと、よく使う図形パターン１（問題１等で登場）の「正三角形の半分の形」が登場して、**高さは1cmとわかり、$2 \times 2 \times 3.14 \times \frac{150}{360} - 2 \times 1 \div 2$で$\mathbf{\frac{127}{30}}$ **cm²（答）**になります！

問題60 補足板書

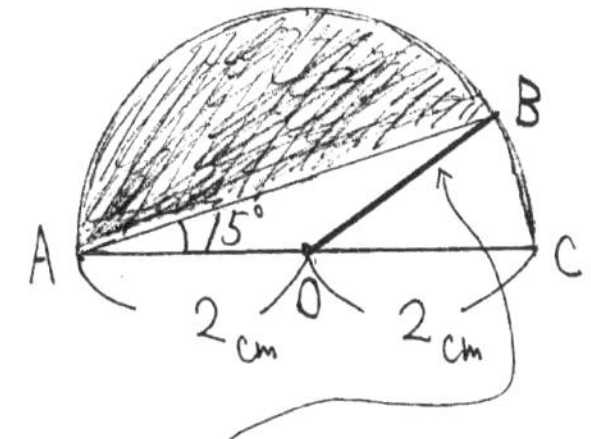

「半径の補助線BとOを結ぶ」

→ おうぎ形を作る

→ △OAB（OA=OBの二等辺三角形）が出来る → おうぎ形の中心角は 180°−15°×2=150°

} 2つの意味がある

⇩

スリッパ（よく使う図形パターンその2）で

∠BOC=15°×2=30°とわかる

150°の中心角で半径2cmのおうぎ形から△OABをひく

→ ひく三角形OABの高さは「正三角形の半分」（よく使う図形パターン1）を利用して「1cm」とわかる！

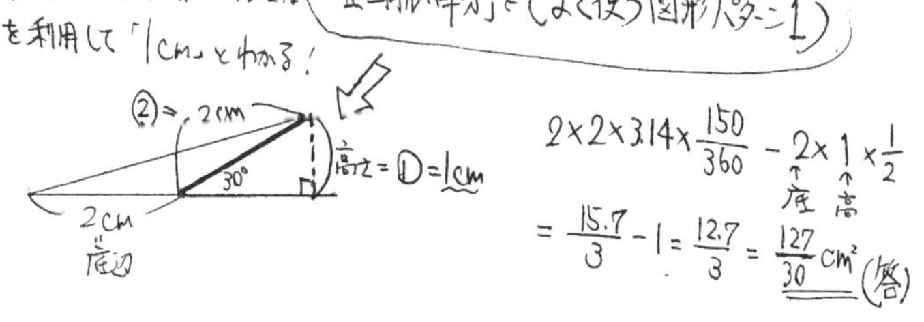

問題 61 （普連土学園・2020）

図のようにおうぎ形の内部に円があります。斜線の部分の面積は何㎠ですか。ただし、円周率は 3.14 とします。

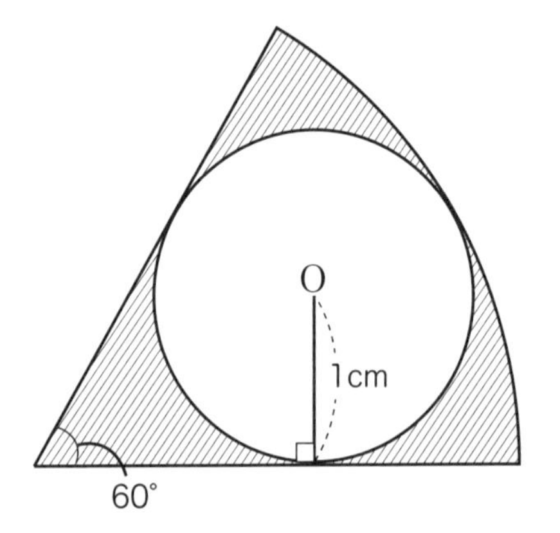

「ゴホンゲの、ヒゲも濃いけどもっと濃い解説 その61」

問題60の補足板書で、OとBを結ぶのは「おうぎ形をはっきりさせる」のと「二等辺三角形を作る」という２つの意味があることをさりげなく（笑）書いています。実は、**補助線は１本だけ引いてもその補助線に２つ以上の意味があることは少なくないのです**。逆に言うと、どれか１つにの意味に気付ければ、その補助線は引くことができます！ そして引いた後で、「この補助線には別の働きもあるんだな！」って気付ければいいわけです。

さて、問題61は結局補足板書にあるように、**おうぎ形の中心Cと円の中心Oを結び、また、おうぎ形の半径と円が接する点BとOを結んで、**直角三角形OBCを作ります。

（ある直線と円が接する点と中心を別の直線で結ぶと、その２本の直線は直角に交わります。なので角OBCは直角です）この補助線には２つの意味があり、60度を生かす→60度の半分は30度→30度を生かして正三角形の半分（**よく使う図形パターン１、問題60でも登場！**）を作るというのが第１の意味です。ここで角OCBと角OCAが等しくないと30度ずつと言えないですが、もう１つこの補助線には「合同な直角三角形」を作るという意味があるのです！「斜辺（この場合OCは両方で使っている）と他の１辺（この場合OAとOB）が等しいので、直角三角形OACとOBCは**合同で、角OCB＝角OCAより60÷2＝30度ずつとわかり、この２つの三角形は「正三角形の半分」→OCはOAやOBの２倍で2cm→おうぎ形の半径はOCにODの1cmたして3cmとわかり**、$3 \times 3 \times 3.14 \times \frac{1}{6} - 1 \times 1 \times 3.14 =$ **1.57cm²（答）**となります！

問題61 補足板書

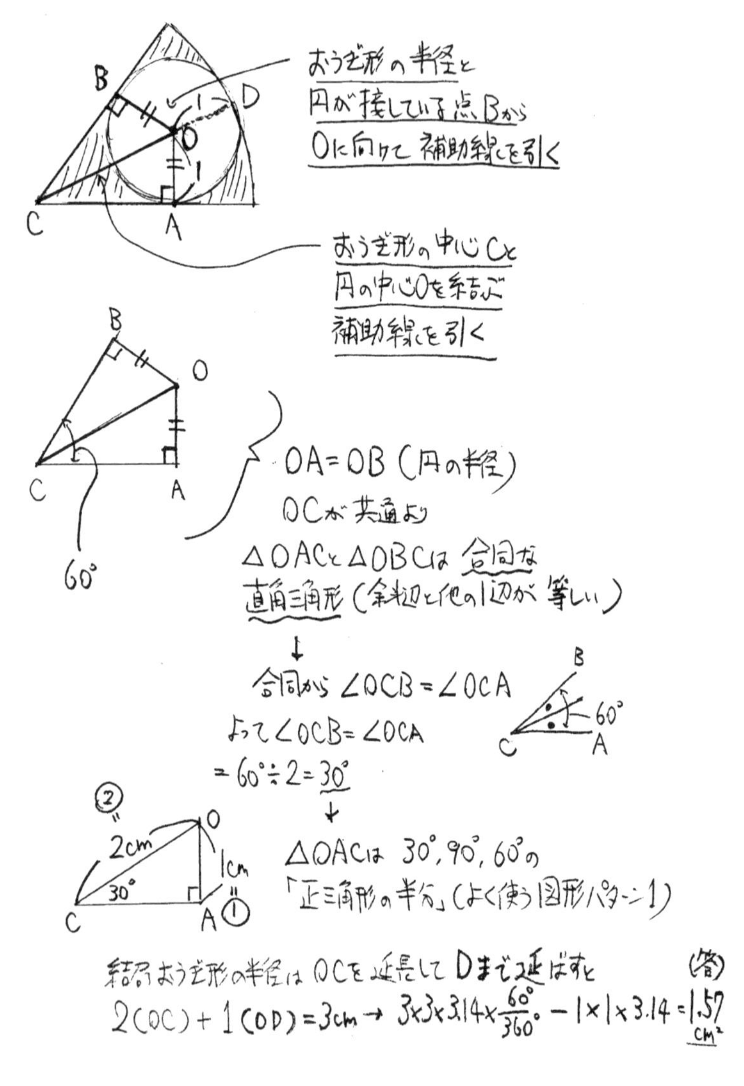

おうぎ形の半径と
円が接している点Bから
Oに向けて補助線を引く
おうぎ形の中心Cと
円の中心Oを結ぶ
補助線を引く
OA=OB（円の半径）
OCが共通より
△OACと△OBCは合同な
直角三角形（斜辺と他の1辺が等しい）
合同から∠OCB=∠OCA
よって∠OCB=∠OCA
=60°÷2=30°
△OACは30°,90°,60°の
「正三角形の半分」（よく使う図形パターン1）
2cm
1cm
30°
60°
結局おうぎ形の半径はOCを延長してDまで延ばすと
2(OC)+1(OD)=3cm → 3×3×3.14×60°/360° −1×1×3.14=1.57cm²
（答）

問題 62 （豊島岡女子・2020）

下の図の四角形 ABCD において、AB、BC、CD の長さはそれぞれ 12㎝、20㎝、16㎝で、角 ABC、角 BCD はいずれも直角です。また、点 E は辺 BC 上にあり、三角形 AED の面積は 130㎠です。このとき、BE の長さは何㎝ですか。

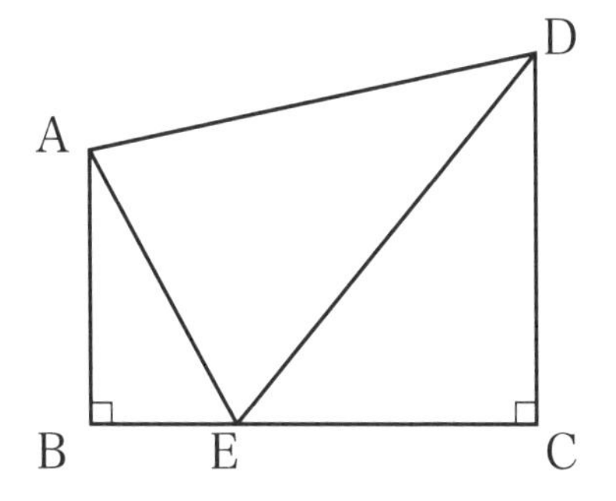

レベル1
レベル2
レベル3
レベル4
レベル5

「ゴホンゲの、ヒゲも濃いけどもっと濃い解説 その62」

問題61のレベルについて解説の中で触れてませんでしたが毛3本です。この問題62と問題63が毛4本、問題64は毛5本です。

さて問題61では「合同」がポイントになっていました。二等辺三角形が（特に求角の問題で）「頼りになるやつ」であるように、「合同」を見つけるとそれこそ問題61のように、こちらの角とこちらの角も等しい（問題61なら角OCAと角OCB等）と、もともと等しいとわかっていた部分以外も等しいと考えて問題が解けるので役立つわけです！ **問題44でも出てきましたが、「合同な図形」も問題を解くのに頼りになるやつ**だと押さえておきましょう！

さて、算数の問題を解く上で、「役に立つ考え方」として文書題でしばしば見られるのが**「つるかめ算」の解法**です。実はこの本でも頭の使い方の参考になれば、ということで「つるかめ算」系の問題をとりあげてきましたが、この問題ではまさに（ここでは触れない別解もありますが）その**「つるかめ」算を解く時に使う「面積図」の形を出現させて解く**ことになります！ まず、補足板書にあるように、三角形ABEと三角形DCEをそれぞれ2倍ずつして、長方形ABEGと長方形FECDを登場させます！ この時、元の2つの三角形の面積の合計は台形ABCDの$280cm^2$から三角形AEDの$130cm^2$をひいて、$150cm^2$とわかるわけですが、それを2倍すると、$150 \times 2 = 300cm^2$となります！ この状態で、BEを求めるのはまさに、「**12本の足の動物と16本の足の動物が合わせて20匹いて、合わせて足が300本あります！ 12本の足の動物は何匹いますか？**」って問題の解き方と同じで（$20 \times 16 - 300$）$\div$（$16 - 12$）$=$ **5cm（答）** となります！

問題62 補足板書

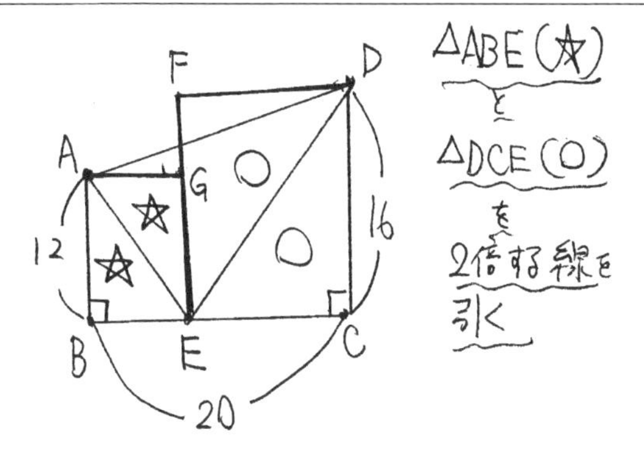

台形ABCD $= (12+16)\times 20\times\frac{1}{2} = 280\,\text{cm}^2$

△AED $= 130\,\text{cm}^2$　　△ABE＋△DCE $= 280-130$

$= 150\,\text{cm}^2$ (☆＋○)

→ (☆＋○)×2 $= 300\,\text{cm}^2$ (長方形ABEGと長方形FECDの合計)

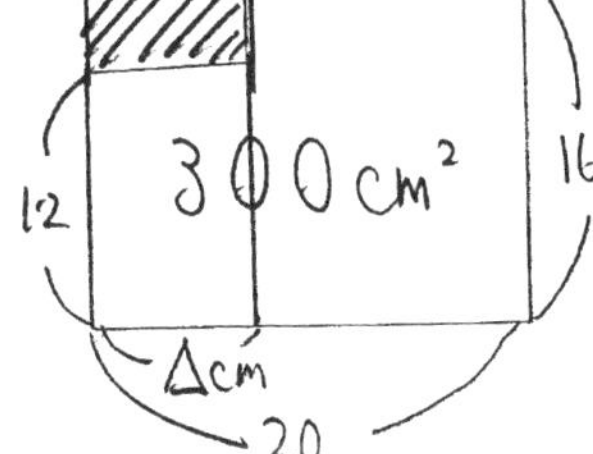

△ $= (20\times 16-300)\div(16-12) = 20\,\text{cm}^2\div 4 = 5\,\text{cm}$ (答)

問題 63 （女子学院・2018）

ある公園の土地は図１のような形で、影（かげ）をつけた部分の花だんの面積は□m^2です。この花だんを、面積を変えずに図２のような平行四辺形にします。辺アの長さは□mです。

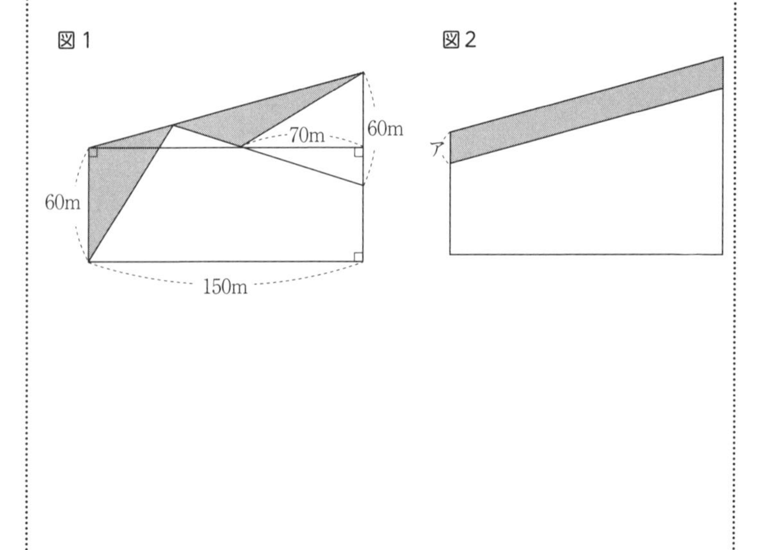

「ゴホングの、ヒゲも濃いけどもっと濃い解説 その63」

補足板書にあるように、**BとDを結ぶ補助線を引きます。** ABとFDは元々平行ですが、BとDを結ぶとABとDFが60cmで等しいことから、**直線AFと直線BDも平行**とわかって四角形ABDFは平行四辺形とわかります！ それを利用して、**面積を変えないで三角形GBDのGをAに移動することが出来ます！ よく使う図形パターン5（問題17で登場！）の平行四辺形の半分の面積になる三角形です！** 斜線部の面積を求めるのに、三角形GBDが関係あるの⁉ と首をかしげているかもしれませんが、「**平行四辺形ABDFから三角形GBDと三角形HDFをひく**」と考えれば斜線部が求められるので、その三角形GBDをひく代わりに、三角形ABDをひく、と考えればいいのです！ 結局、平行四辺形ABDFの9000m^2から三角形ABDの4500m^2と三角形HDFの2100m^2をひいて、**2400m^2（答）**となります！ そして図2においてのアはこの2400m^2を高さの150mで割って**16mが(答)**となります！

さてこの本では「条件を生かす補助線を引こう」と言ってきました。たとえばこの問題で平行四辺形を利用して**よく使う図形パターン5（等積変形して平行四辺形の半分になる三角形）を使いましたが**、他にZ形（よく使う図形パターン3、問題4等で登場！）平行を利用した相似な三角形（よく使う図形パターン6、問題20等で登場！）などが平行四辺形と一緒によく出現します！「ミルクボーイ」の漫才で「どんな特徴言ってたか教えてみてよ～」ってセリフがありますが、そんな感じでお互いに色々な図形の特徴を言い合って理解を深めていくと、この問題ではこのパターンが使える！と 見つけやすくなりますよ！

問題63 補足板書

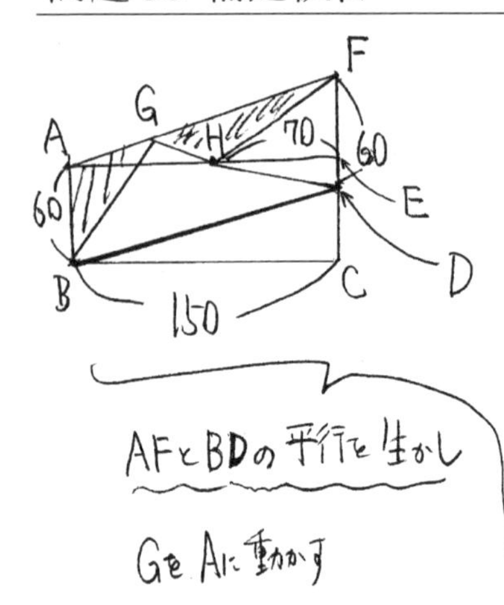

BとDを結ぶ補助線

ABとFDは平行

また$AB = FD = 60$より

AFとBDも平行とわかる

→四角形ABDFは「平行四辺形」

AFとBDの平行を生かし

GをAに動かす

→△GBDと△ABDは「同じ面積」

つまり斜線部分は 平行四辺形ABDF −（△GBD＋△HDF）

↓（△GBD）

△ABDに等積変形

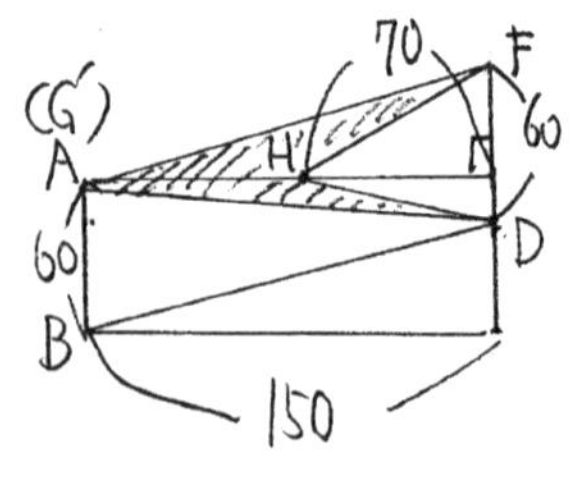

$$60\times150-\left(60\times150\times\frac{1}{2}+60\times70\times\frac{1}{2}\right)$$

$$=9000-(4500+2100)$$

$$=\underline{2400\,\mathrm{m}^2}$$（答）

図2のア＝$2400\,\mathrm{m}^2 \div 150\,\mathrm{m} = \underline{16\,\mathrm{m}}$（答）

（三角形ADF→$60\times150\times\frac{1}{2}$から 三角形HDF $60\times70\times\frac{1}{2}$をひいても$2400\,\mathrm{m}^2$は求められます！）

（なお△ABGのBを（底辺をAGとして）BからDにずらして等積変形すると考えても同様の図になります！）

問題 64 （聖光・2019）

下の図のような、1 辺の長さが 2 ㎝の正六角形 ABCDEF があります。この正六角形の辺上を 2 点 P と Q が移動します。点 P は点 A を出発して、毎秒 2 ㎝の速さで A → B → C と移動します。また、点 Q は点 D を出発して、毎秒 1 ㎝の速さで D → E と移動します。このとき、次の問いに答えなさい。

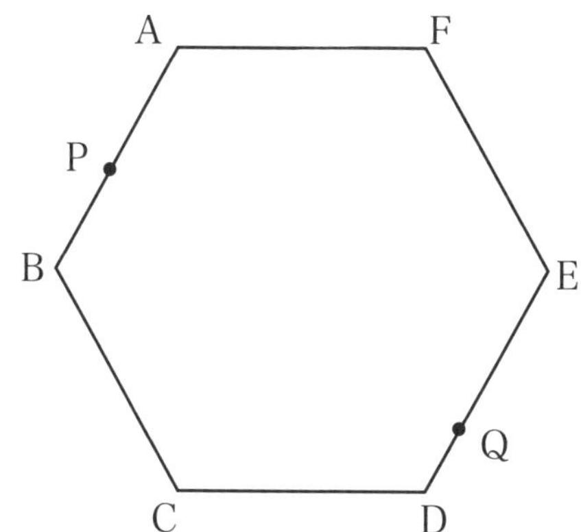

(1) (4) 略

(2) 2 点 P、Q が出発して 1 秒間で、正六角形 ABCDEF 内で直線 PQ が通過した部分の面積は正六角形 ABCDEF の面積の何倍ですか。

(3) 2 点 P、Q が出発して 1. 5 秒後のとき、四角形 CDQP の面積は、正六角形 ABCDEF の面積の何倍ですか。

レベル1 レベル2 レベル3 レベル4 レベル5

「ゴホンゲの、ヒゲも濃いけどもっと濃い解説 その64」

いよいよ最後の問題です。２問ともしっかり正解する難しさを考慮して毛５本です！ さて (2) ですが、Ｐが進む距離とＱの進む距離が２：１なので、たとえばスタートして１秒までの間でＰが進んだ位置をＰ′、Ｑが進んだ位置をＱ′とすると補足板書の図（その１の上）でいうと、三角形Ｐ′ARと三角形Ｑ′DRの相似比は２：１となります。そしてその２つの三角形は、１秒後ＰがＢに着いたときにできる（その時ＱがＤとＥの中点（Ｑ）に着く）三角形ABRと三角形Ｄ（Ｑ）Ｒの中に含まれます！ この２つの三角形の面積の合計を求めます！ その１の下の図のように、正六角形を６等分した正三角形と比べていくと三角形ABRは三角形ABOと底辺は同じ、高さは $\frac{2 \times 2}{3} = \frac{4}{3}$ 倍で面積は $\frac{4}{3}$ 倍、三角形Ｄ（Ｑ）Ｒは底辺は $\frac{1}{2}$、高さは $\frac{2 \times 1}{3} = \frac{2}{3}$ 倍なので面積は $\frac{1}{2} \times \frac{2}{3} = \frac{1}{3}$ 倍、正三角形ABOは正六角形全体の $\frac{1}{6}$ なので、２つの三角形ABRとＤ（Ｑ）Ｒの合計は、$\frac{1}{6} \times \left(\frac{4}{3} + \frac{1}{3}\right) =$ **$\frac{5}{18}$倍（答）**です！

(3) ですが、補足板書のその２の下の方に書いた別解でもＯＫですが、ここではその２の上の方に書いたやり方、つまり**正六角形の外角の60度を生かして、AFやDEやBCを延長して、正三角形を周りに作る（全体も正三角形GHIになる！）**線の引き方を元に解きます！ すると、**よく使う図形パターン８（問題21等で登場！）**を使って、三角形HPQが正三角形GHIの $\frac{3}{6} \times \frac{3.5}{6} = \frac{7}{24}$ と求められ、そこからHCDの $\frac{1}{9}$ をひいて、正三角形GHIの $\frac{13}{72}$ とわかり、正六角形ABCDEFは正三角形GHIの $\frac{2}{3}$ なので、$\frac{13}{72} \div \frac{2}{3} =$ **$\frac{13}{48}$**

（答）となります！

問題64 補足板書

【その1】

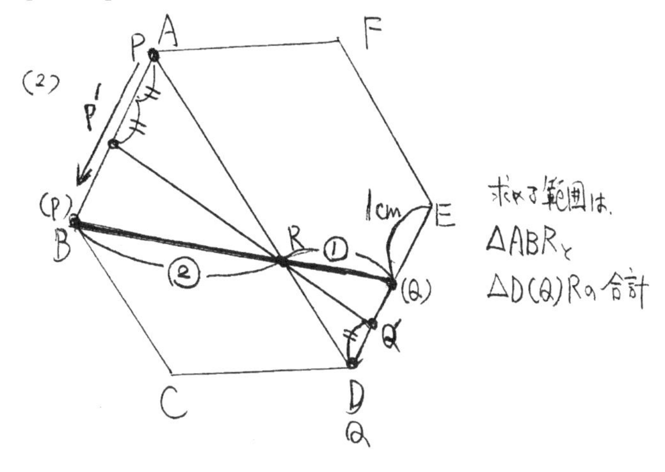

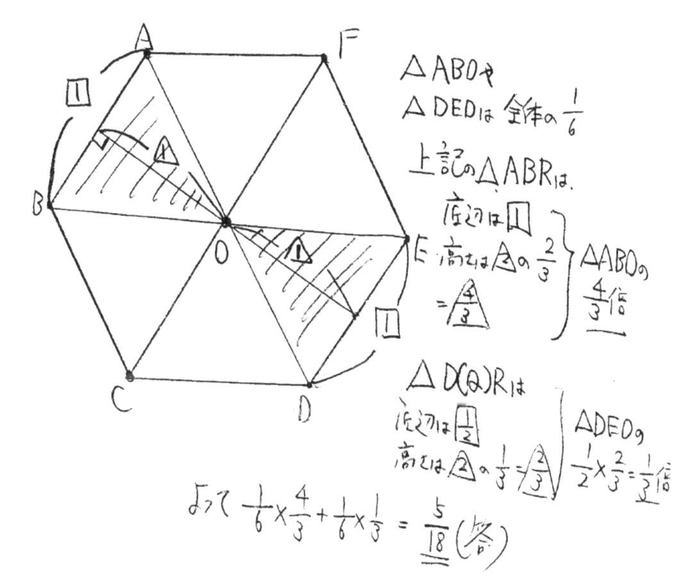

問題64 補足板書

【その2】

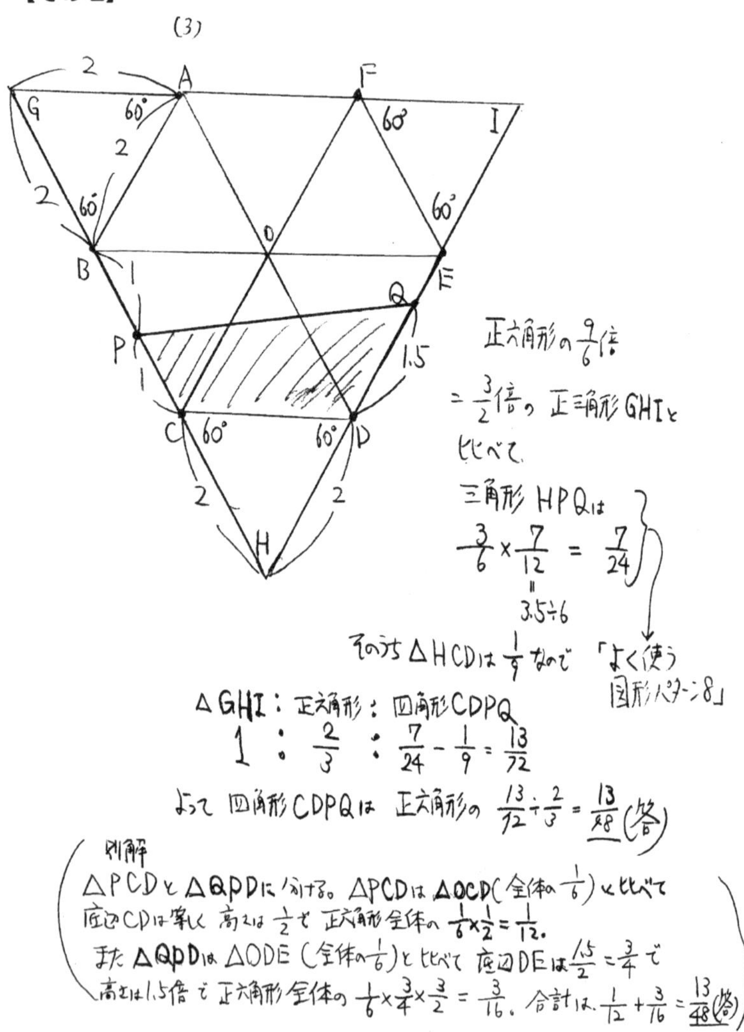

あとがき

『中学受験算数　作業のルール（増補改訂３版）』いかがだったでしょうか？ 改訂前の内容をふまえて、基本として身につけるべき図形のパターンや知識、意識してもらいたい頭の使い方や流れのつかみ方、そういった土台があって条件を生かした効果的な補助線が引ける（いらない場合はなしで済ますことが出来る）というコンセプトで書いてきました。難しく感じたかもしれませんが、逆に言うときちんと上記に書いたような事柄を身につけていってもらうことで、「勘とかひらめきとかセンスといったものに頼らずに」効果的な補助線が引けるようになる、ということなので頑張ってもらいたい！ と思います。

３年前にこの本を出版して今回増補改訂３版を出すまでの間に自分の立ち位置みたいなものもさらに変化がありまして、その分お世話になっている方々への感謝の念も本当に大きなものになっていますし、「そういった方々を裏切るようなおかしなものは出せない」という気持ちで書きました。あくまでゴホンゲらしさは失わずに……ということではありますが（苦笑）。是非活用していただいて、中学受験での成功に結び付けていただければ、と思います。

（本の中ですでに書きましたが）息抜きの部分の漫画を私がその方面の分野で敬愛している「わたせちひろ」さんにお願いしました。３年前この本を出版した時に、ご自身もお嬢様が中学受験をして、いわゆる世間で言うところの難関校で中学生活をスタートされて 、

その経験をもとに「あるある」的なネタと結び付けやすい漫画を描いていただけました！ そしてそのわたせさんのお嬢様の世代も３年たって、もう高校生活を送っていることになりますね。前のページの「あとがき」用の似顔絵も私ゴホンゲのとある教え子がモデルですが、当時の中学１年生がもう高校生になっているわけです。

そうやって中学受験生活を経て、一層次のステージで成長しているであろう一緒の時間を過ごして切磋琢磨してきた（十数年の間に出会った）４桁にのぼる生徒達、その生徒達と切磋琢磨した教室で一緒に頑張ってきた仕事仲間達への私の感謝の気持ちがわたせさんに描いていただいたこの１枚の似顔絵に詰まっています。こんなキラキラした顔で生徒達が中学以降の生活を送れるよう願いながら生徒達、仲間達と頑張っているつもりです。そういった思いで書いた本が読者の皆様の中学受験での成功につながり、こんなキラキラした顔での新しいステージでの生活につながっていってもらえたら……そう祈りながら筆を置かせていただきます

（最後になりますが、こういった私の思いを理解していただき、今回の増補改訂３版を出版していただいたエール出版様に心から感謝いたします。）

五本毛眼鏡

■著者プロフィール■

五本毛 眼鏡（ごほんげ　めがね）

東京大学卒。

大手金融機関システム部門勤務で磨きをかけたロジックを武器に現在は中学受験大手塾算数担当講師として活躍中。

上記の経歴に裏打ちされた分析力を武器に、基幹校舎の難関校クラス担当、また人気校の学校別講座担当として確かな実績を挙げている。

主な著書

『６年後東大に合格できる中学受験算数　思考のルール』（エール出版社）

『中学受験算数　３割しか取れなかった子が本番で合格点を叩き出すスゴ技勉強法』（エール出版社）

『中学受験算数　楽しく学ぶパズル・図形のひらめき問題』（エール出版社）

補助線の引き方で難問がスイスイ解ける!!
中学受験算数　作業のルール　増補改訂３版

2012 年 1 月 1 日　初版第 1 刷発行
2017 年 8 月 20 日　改訂版第 1 刷発行
2021 年 2 月 20 日　改訂 3 版第 1 刷発行

著 者　　五本毛　眼鏡
編集人　清水　智則　　発行所　エール出版社
〒 101-0052　東京都千代田区神田小川町 2-12　信愛ビル４Ｆ
電　話　03(3291)0306　　ＦＡＸ　03(3291)0310
e-mail　info@yell-books.com
＊乱丁・落丁本はおとりかえいたします。
＊定価はカバーに表示してあります。

ISBN978-4-7539-3489-8